정선영의 학업중단 이야기

학교가 지옥인 아이들

학교가 지옥인 아이들

초판 1쇄 발행 | 2021년 6월 21일

지은이 | 정선영
펴낸이 | 김지연
펴낸곳 | 생각의빛

주 소 | 경기도 파주시 한빛로 70 515-501
출판등록 | 2018년 8월 6일 제 406-2018-000094호

ISBN | 979-1190082-95-2 (03590)

원고 투고 | sangkac@nate.com

ⓒ정선영, 2021

* 값 13,300원

* 생각의빛은 삶의 감동을 이끌어내는 진솔한 책을 발간
하고 있습니다. 참신한 원고가 준비되셨다면 망설이지 마
시고 연락주세요.

학교가 지옥인 아이들

정선영 지음

생각의빛

프롤로그

지난해 학업을 그만둔 아이는 5만 2천여 명이다. 매일 145명의 아이가 학교를 떠났다. 학령기 인구만 헤아린 숫자다. 의무 교육인 초등학교와 중학교를 제외하고 고등학교만을 기준으로 매년 2만 5천여 명의 아이들이 학교를 그만두었다. 이는 전체 고등학생의 1.6%에 해당하는 수치다. 비율로 따지면 그리 많지 않아 보일지 모른다. 그러나 결코 적은 숫자가 아니다. 학교를 그만둔 것은 아니지만 학업중단을 고민하는 아이들은 이보다 훨씬 더 많다. 이들을 잠재적 학업중단자라고도 하는데 학교에서 진정한 공부의 의미를 찾지 못하고 방황하는 청소년들이 이에 속한다.

조사에 의하면 우리 아이들의 절반가량이 한 달에 한 번 정도 학교를 그만두고 싶다고 생각했다고 한다. 한 달에 두세 번 이상 심각하게 학업중단을 고민한 학생은 27%에 달했다. 적게 잡아도 네 명 가운데 한 명이다. 우리나라 초·중·고등학교의 취학률, 졸업률은 물론 학업 성취도는 세계 최고 수준이나 학업 흥미도는 세계 최저다.

학교를 그만두려는 아이들에게 깊게 생각할 기회를 부여하기 위해 만들어진 제도가 '학업중단숙려제'이다. 학업중단을 고민하며 이 제도를 거치는 아이들의 수는 지난해만 3만 3천여 명인데 중단자수 대비 학업 복귀율은 47%로 점점 줄어드는 추세다. 이토록 많은 아이가 학업중단의 위태로운 갈림길에 서 있는 것이다. 그런데도 우리 사회는 학업중단에 대해 둔감하다. 우리 아이라고 예외일 수 없다. 발등에 불이 떨어져 자기 일이 된 이후에야 문제의 심각성을 깨닫는 경우가 대부분이다.

코로나19로 인한 사회적 거리 두기와 예방수칙 등으로 일상생활에 어려움이 크다. 더군다나 확진된 사람들이 치료된 후에도 코로나 후유증에 고통받는 사연을 보며 완치되어도 끝이 아니라는 사실은 공포처럼 다가왔다. 바이러스에 감염되는 것으로도 생명에 위협을 느낄 만큼 무섭다. 코로나19에 가장 안전한 대책은 백신을 통한 집단면역이다. 예방을 통해 확산을 막는 것이다. 학업중단도 마찬가지다. 학교를 떠난 아이들이 사회에 적응하지 못하고 사회문제로 대두될 가능성을 최소화하는 것이 매우 중요하다. 왜냐하면 학업중단은 은밀하게 공교육을 파괴하는 원인으로 작용할 뿐 아니라 학업을 중단한 아이들이 사회에 제대로 적응하지 못하고 범죄자가 되거나 사회 빈곤층으로 전락하는 등 위기 학생이 직면하는 총체적 삶의 문제이기 때문이다.

학교를 그만둔 아이들의 삶은 어떨까? 학업을 중단한 아이들을 학교 밖 청소년이라고도 부른다. 많은 아이가 또 다른 삶을 살아가고 있지만, 적지 않은 아이들이 냉혹한 사회에 적응하지 못하고 방황하거나 범죄의 세계에 빠져든다. 일례로 이들이 저지르는 범죄는 최근 수년간 수치로도 심각성이 확인된다. 경찰이 각종 학교 폭력 사건에 가해자로 검거한 학교 밖 청소년은 2012년 8.6%에서 2016년 40%로 급증했다. 청소년 범죄가 학교를 그만둔 아이들과 연관되어 있다는 사실을 잘 보여 준다. 그만큼 학교 밖 청소년의 학교 폭력 비중이 커졌고, 이는 고스란히 우리 사회 전체의 부담으로 남게 된다는 것이다. 학교 밖 아이들의 일탈을 줄이는 가장 좋은 방법은 학업중단을 예방하는 것이다. 그러나 학교 현실은 학업중단을 막는 데 그리 성공적이지 않다.

학업중단에 대한 올바른 이해가 부족하다는 것 또한 중대한 문제다. 기존 연구의 경우 양적 통계 조사에서 크게 벗어나지 않기 때문에 아이들이 왜 학교를 그만두는지를 정확하게 이해하기 어렵다. 즉, 학교를 그만둔 이유에 대한 개인적인 상황이나 심리적으로 접근한 질적 연구가 적은 데다 자료가 있어도 대중적으로 알려진 바는 많지 않다. 아이들이 왜 학교를 그만두려고 하는지, 어떤 환경에 처해 있는지, 우리가 무엇을 하지 못하고 있는지에 대한 기본적인 이해조차 어려울 만큼 알려진 것이 적다. 이해받지 못하는 아이들은 학교에 있어도, 학교를 그만두어도 힘든 것은 마찬가지다.

아이들이 학교를 그만두려고 하는 것은 단순히 공부가 힘들어서가 아니다. 학교 다니는 것이 행복하지 않기 때문이다. 개인적 능력에 따라 학업 능력이 떨어질 수 있다. 하지만 이런 아이들이 자신의 개성과 취향이 존중되고 다양한 가능성을 키울 수 있다면 학교를 그만두어야 할 이유가 없을 것이다.

그러나 우리 아이들이 다니는 고등학교의 현실은 결코 아이들을 행복하게 만들지 못하고 있다. 아이들은 학교를 답답하고 애써 견뎌내야 할 곳으로 생각한다. 무기력한 자신을 어쩌지 못하고 학교와 집을 오가는 아이들이 많다. 대학 입시가 목적인 것처럼 인식되는 학교는 대학을 고려하지 않는 나머지 아이들에게 배움조차 일어나지 않는 곳으로 전락했다. 경쟁과 비교가 일상화되어 잘하는 친구들을 보며 상대적으로 자신의 못난 것을 절감할 뿐 격려와 응원은 어디에서도 보기 힘들다. 마음 기댈 곳 없이 강요와 왜곡된 열정으로부터 아이들은 벗어나려고 한다.

학교가 바뀌어야 한다는 목소리 또한 높다. 고등학교 교육의 목표가 대학입학이 아니라 아이들이 성인이 되어 사회에 나가기까지 준비할 수 있는 기간이란 인식이 학교의 구성원 모두에게 요구된다. 코로나19가 끝난 이후까지 더 큰 미래를 그리는 교육이 이루어지도록 하기 위한 근본적인 변화가 필요하다. 학교는 학생의 다양한 적성과 배움의 요구에 세심하게 반응하며 아이들을 도와야 한다. 학업을 중단하려는 이유에 귀 기울이고 해법을 찾아가는 것만이 학교와 학생이 공존할 수 있는 길이다.

이 책에 등장하는 사례는 학교 현장의 있는 그대로의 모습이다. 그러나 사생활 보호와 논리 전개를 위해 직접 만난 아이들의 이야기를 고쳐 쓰거나 보태어 꾸민 것이다. 모두 가명을 사용하고, 세부 내용은 상황에 따라 변경하는 등 각색을 하였음을 밝힌다.

이 책을 통해 우리 사회 구성원이 학업중단의 다양한 원인에 대해 더 깊이 있게 알게 되고 학업중단에 대한 시각을 달리하게 될 것으로 기대하며 해결 방안을 함께 고민해 나가려는 의도에서 사례를 중심으로 집필하였다. 질적인 방법을 통해 개별적 목소리를 사례로 수록함으로써 전체를 대변하지 못한 점이 있겠지만, 개인의 이야기는 예방법을 만드는 데 매우 도움이 된다. 따라서 개개의 현실에서 학업중단이 일어나는 원인을 통해 개선해야 할 부분을 발견함으로써 해결 방안을 구체화하는 과정으로 삼고자 했다. 이 책의 구성은 다음과 같다.

첫 번째 장 '진짜 위기, 빙산의 일각이다'에서는 학교에 다니길 힘들어하는 아이들이 학교를 어떻게 생각하고 있는가에 관한 내용을 중심으로 학업중단 위기의 실태를 다루었다. 제2장에서는 아이들이 학교를 떠나는 이유를 구체적 사례를 통해 살펴보았다. 어려운 가정 형편이나 학력 부족이 중요한 요인이기는 하지만, 겉으로 봐서는 아무 문제가 없을 것 같은 아이들도 학업중단을 고민하는 사례가 많다는 것은 심각한 문제다. 세 번째 장 '이제, 바뀌어야 한다'에서는 아이들을 위해 학교가 어떻게 바뀌어야 하는가에 관해 다루었다. 그다음 제4장은 아이들에게 들려주고 싶은 내용이다. '어디에 있든, 아이들이 명심해야 할 것들'이라는 제목으로 학업중단을 고민하는 아이들이 어떤 생각으로 나아가야 할지에 관한 이야기를 사례와 함께 담았다. 마지막 제5장 '아이들은 행복할 권리가 있다'에서는 이 책이 추구하는 궁극적 메시지로서 아이들이 행복하게 학교에 다니기 위해서 어른들이 무엇을 준비하고 어떻게 도움을 주어야 하는지에 대해 고민했다. 아이들이 학교에 오는 것이 즐겁고 유익한 일이 되기를. 이들의 교육을 담당하는 교사나 학교, 부모 그리고 우리 사회 전체가 학교를 행복한 곳으로 만들기 위해 더 많이 노력하길. 그래서 어디서나 아이들이 행복하길 염원하는 마음을 실었다.

학업중단은 학교를 그만두고자 하는 아이들만의 문제가 아니다. 학교의 문제이자, 교사의 문제다. 부모의 문제이고, 우리 사회의 문제다. 우리 학교와 사회가 학교를 행복하고 신나는 곳으로 만들지 못했기 때문이다. 아이들 네 명 가운데 한 명 꼴로 학교를 그만두려 한다는 것 자체가 문제의 원인이 아이들 개인적인 것에 있는 것이 아니라 구조적이라는 것을 잘 말해 준다. 더 늦기 전에 학교를 자신의 정체성을 찾아가기 위한 과정에서 다양한 것을 충분히 경험할 수 있는 곳으로 만들어 가야 한다.

이 글이 부모들께 그리고 학교에서 아이들을 지도하는 교사들께도 학업중단의 다양한 원인을 들여다보고 위기의 아이들을 돕는데 참고가 되길 바라는 마음이다. 이 글을 쓴 필자도, 아이를 키우는 부모와 지도하는 교사 등 관계자 모두가 아이들과 함께 보다 더 많은 행복을 누리길 기원한다.

학생을 상담하고 공부하며 적지 않은 시간을 보냈지만, 책 쓰는 일도 쉬운 것이 아니다. 보잘것없는 시작이지만 부족함을 꾸짖기보다 응원하고 잘 할 수 있다고 격려해 준 사람들이 없었다면 그저 가능성 있는 꿈으로만 끝이 났을지도 모른다.

책이 쓰이기까지 무엇보다 최영진 교수님의 공이 크다. 그가 없었다면 이 책이 나오기 어려웠을 것이다. 정말 고맙다는 인사를 전한다. 그리고 학업중단 위기의 아이들을 만나는 일을 할 계기를 만들어 주신 한광희 교육장님, 필자를 믿고 지지해 주신 한연주 전 교장 선생님, 학업중단 예방에 효과적이었던 자신의 노하우를 들려주신 동료상담사 선생님들, 사랑하는 비랑 훈, 사례에 언급된 모든 아이, 그들이 이 책의 주인공이다. 모두에게 감사드리며 늘 건강하고 행복하길 기원한다.

2021년 6월
Wee클래스 상담실에서

제1장
진짜 위기, 빙산의 일각이다

하루 145명, 아이들이 학교를 떠났다

안타깝게 자신의 행선지가 어딘지도 잘 알지 못하고 학교를 떠난 아이들이 있다. 하루 145명. 단적으로 하인리히 법칙을 적용하면 자퇴를 할까 말까 생각하며 고민 중인 아이들은 29배나 더 많은 4,200여 명이다. 하인리히 법칙을 적용하지 않더라도 고민하는 아이들은 생각 외로 많으며 이들은 학교에 다니긴 하지만 언제 그만둘지 모르는 학업중단의 잠재적 위험을 안고 있다. 학업중단 욕구는 충만한데 실제 중단하지 않은 상태의 아이들은 학교에서 보내는 시간이 길어지는 상급 학교로 진학할수록 더 늘어난다.

초 · 중학생의 학업중단은 대부분 해외로 나가는 경우다. 이와 달리 고등학생은 현재 학교에 적응하지 못하고 학교를 떠나는 경우가 더 많다. 그중에서도 고등학교 1학년의 비중은 다른 학년에 비해 월등히 높아 전체 학업중단율의 두 배나 된다. 특성화 고등학교는 일반계 고등학교보다 2.5배나 더 심각한 실정이다. 그러나 많은 사람이 학업중단을 어쩔 수 없는 일로 여기고 크게 신경쓰지 않는다.

학업중단에 대한 우려는 어제, 오늘의 일이 아니다. 그동안 학업중단자가 꾸준히 많았었다는 점을 고려하면 그리 놀랄 일도, 새로운 것도 아닌지 모르겠다. 요즘은 대안적 교육이 많고 학업중단에 대한 사회적 인식도 많이 달라졌다. 학교에 다니지 않는 것이 이상한 게 아닌데 학업중단이 왜 문제가 되는 걸까? 하고 의문을 가질 수도 있다. 또한, 싫증 날만큼 되풀이되는 어두운 이야기를 원하지도 않을 것이다. 그러나 매년 반복되는 보도를 외면한다고 엄연한 현실이 사라지지 않는다. 차라리 문제를 정면으로 맞닥뜨림으로써 원인부터 바르게 인식하는 게 올바른 대응이다.

학업중단에 대한 인식이 나날이 완화되고 있지만 그래도 부정적 인식이 지배적이다. 여전히 학업을 중단한 아이들을 곱지 않은 시선으로 바라본다. 이로 인해 개인적인 삶의 영향은 물론 사회생활 전반에 걸쳐 위기를 겪을 가능성이 크다. 게다가 중단 위험성을 안고 있는 아이들의 비율이 생각 외로 상당하다는 사실은 학업중단으로 인한 개인적, 사회적 문제가 심각해질 수 있음을 일깨워준다.

학업을 중단한 아이들이 겪는 차별은 일상에서 일어난다. 서연이는 낮에 길을 걷는 자신을 누가 볼까 봐 신경이 쓰인다. 며칠 전 친구 따라 학원을 갔었는데 거기서 만난 친구 어머니는 학교를 그만뒀다는 이유만으로 자신을 안 좋게 보는 것 같아서 기분이 언짢았다고 했다. 서연이는 '사람들은 학교를 그만둔 이유를 궁금해하기보다 자퇴를 했다는 것에만 초점을 둔다.', '아무 잘못도 안 했는데 문제아로 보는 사람들의 시선에서 상처를 더 받는다.'고 했다. 문제가 있어서 학업을 중단한 게 아닌데 억울했다. 자신을 나쁜 사람으로 볼까 봐 낮에는 밖에 나가는 것도 불안해했다.

기본적인 심리 욕구가 결핍된 상태에서 부정적인 시선을 받게 될 때 사회를 비판하고 타인을 탓하며 자신에게 불만족한 삶을 살게 하는 원인으로 작용할 수 있다. 학교에서, 가정에서, 사회에서 우선 신뢰 관계가 형성되어야 하는데 서연이처럼 오해받고 마음이 상한 상태가 지속되면 사람들에 대한 신뢰가 손상된다.

아이들은 이를 '거절'이라고 생각하기 쉽다. 실제로 거절한 사람이 없다 할지라도 자신이 거절당했다고 인식한다. 기분 좋을 리가 없다. 아이들은 아직 사춘기의 특징을 고스란히 가지고 있고, 생각하는 뇌 또한 여전히 발달하는 과정에서 일어나는 감정에 대해 자신도 혼란스러워한다. 혼자 하게 내버려 두라고 했다가 도와주지도 않는다고 서운해하는 감정 탓에 가끔은 종잡을 수가 없다. '타인으로부터의 거절을 마치 자신의 가치가 무시당한 것과 같이 여기고 세상으로부터 거절당했다'고 확대해석하기도 한다. 비합리적인 생각과 왜곡된 사고를 조정할 시간을 갖지 않은 상태로 사회로부터 단절되는 것은 서로에게 바람직하지 못하다. 학교에 관해 생각했을 때 좋지 않은 기억, 교사에 대해 서운한 마음, 어른들에 대한 반항 감정이 먼저 떠오르는 한 올바른 비판 의식과 객관성을 갖기가 어렵다.

나는 서연이가 걱정되었다. 타인으로부터 받은 억울함이 자신과 사회에 대한 객관적인 사고를 갖는 것에 방해가 될 수 있기 때문이다. 학업중단은 쉽지 않은 결정이었을 것이 분명하다. 나는 아이들이 많은 사람이 반대하는 일을 할 때, 그만큼의 부담과 충분한 에너지를 소진하는 데다 용기 낸 이후로도 타인의 시선 때문에 고통을 겪는 현실의 벽에 부딪히는 것을 현장에서 일하면서 무수히 봐 왔다.

에릭슨(Erick Erickson, 1902~1994)의 심리·사회적 발달 단계에

따르면 신뢰감은 인간으로 살아가는 데 가장 먼저 달성해야 할 생의 과제라고 강조한다. 신뢰는 다른 사람에 대한 믿음이고 자기 스스로에 대한 믿음이기도 하다. 이 욕구는 평생 채워지고 비워지기를 반복한다. 마치 시소와도 같다. 평형을 맞추기 위해 부단히 오르내림을 반복하다 균형감을 가지고 새로운 환경에 적응하는 것이다. 그러므로 아이들은 부모와 타인으로부터의 따뜻함을 느끼고 인간에 대한 신뢰로 확대될 때 기본적인 심리 욕구를 현실에서 채워 나갈 수 있다. 아이들이 잘못을 저질렀을 때 책임지는 행동으로 이어지도록 교육하는 원칙은 지키되, 자발적으로 한 결정에 대해서는 잘했다고 인정해 주는 일은 아이가 스스로 선택하는 것뿐만 아니라 결정에 대한 책임을 지는 과정에서도 매우 중요하게 작용한다. 이 경우 학업중단의 이유를 짐작하기 이전에 서연에게 먼저 묻고, 설사 그 이유가 이해되지 않더라도 서연이는 그렇게 생각하는구나, 정도의 관심을 가졌으면 상처받지는 않았을 것이다.

민준이는 7교시에 등교하는 일이 잦다. 일 년을 그렇게 보내면서 교사들과 아이들의 눈살을 찌푸리게 한 건 사실이었다. 같은 반 애들이 민준이는 되는데 자신은 왜 안 되냐고 담임교사에게 따지기도 했다는 사실을 눈치 빠른 민준이가 모를 리 없다.

민준이는 등교와 규칙을 지키는 것, 마음대로 되지 않는 친구 관계가 힘들다고 했다. 그만큼 학교생활에 불성실하게 되었다. 담임교사는 성실하지 못한 행동을 하는 민준이를 지도하는 데 힘에 부쳤고 민준이는 혼을 내는 교사에 대해 기분 나쁜 감정을 느꼈다. 그래서인지 학교에서는 문제아로 간주되지만, 아르바이트 할 때는 충분히 인정을 받는다고 했다. 손님들께 싹싹하고, 경쾌한 몸놀림으로 사회생활을 잘하고 있다며 주인으로부터 칭찬을 받는다고 우쭐했다. 돈도 벌고 기분도 좋았다고 했다. 좋은 소리를 들으니까 신이 났었던 모양이었다.

민준이는 그러면서도 학교만큼은 졸업하길 원했지만 바람과 달리 출석 미달로 학교를 그만둘 수밖에 없었다. 학업중단숙려가 끝나는 날 담임교사에 대한 불만을 강하게 토로했다. 선생님이 자기를 부정적으로 보았던 일, 학교 밖으로 자신을 내쫓았다는 생각 등을 말하며 화가 나서 씩씩거렸다.

민준이를 이렇게 그냥 보내면 나쁜 감정만 남을 것 같았다. 그래서 담임교사는 아니지만 그를 대신해 미안함을 전하는 것이 좋겠다고 판단했다. "학교 구성원의 한 사람으로서 유감으로 생각해. '그 선생님이 너를 미워해서가 아니라 그분도 나름대로 최대한 숙려 기간을 연장하면서 노력했는데 결국 수업 일수 미달로 이런 일이 생겼어.' 민준이의 처지에서 생각해 보면 아쉬움을 조금 이해할 것 같다. 네가 매우 섭섭했겠다."라고 말해 주었다. 더불어 언제든 원하면 복학할 수 있다는 말과 검정고시 준비를 돕는 기관도 연계하며 그 외 필요한 정보와 방법을 알려주었다. 홍분은 조금 가라앉은 것으로 보였다. 어쩌면 내가 그렇게 보고 싶었던 것일 수도 있다. 나는 그 아이가 더는 섭섭한 마음에 머물지 않고 균형 잡힌 사고를 해 주길 바랐다.

아이들이 학교를 떠나고 있는 것이 왜 문제가 될까? 차별적 시선과 더불어 주목할 것은 중단하려는 아이들 일부는 계획이 없다는 것이다. 더 심각한 것은 전반적으로 부정적인 효과를 가져온다는 점이다. 몇 가지만 들어 보면 다음과 같다.

· 차별을 겪는 일로 인해 자신과 타인에 대한 신뢰의 폭이 좁아진다.
· 부정적 판단으로 치우친 생각은 객관적 사고를 방해한다.
· 교육 과정 안에서 누릴 수 있는 유대와 지원이 끊긴다.
· 사회적 배제로부터 겪는 좌절이나 스트레스를 비합리적인 방법으로 표출하려 한다.
· 개인의 경제적 손실만이 아니라 사회적 비용도 크다.
· 자신도 모르는 사이 범죄의 길로 유입될 수 있다.

이러한 문제들은 이미 상처를 받은 마음에 또다시 흠집을 내는 일이며, 개인의 문제로만 국한되지 않고 결국 사회적 문제로 귀결된다.

하루 145명의 아이가 학교를 떠났다. 한 해 5만여 명이고, 이것이 오늘날의 현실이다. 전년도보다 0.1% 늘어난 수치다. 이 안에 포함된, 어떻게 하겠다는 뚜렷한 계획 없이 학업을 중단하는 아이들은 맨몸으로 전쟁터로 나가는 것과 마찬가지인 셈이다. 누가 봐도 준비가 되지 않아 보이는데 아이는 그래도 괜찮다고 말한다. 학교 밖으로 나가면 뭔가 달라질 거라는 막연한 기대로 준비 없는 행동을 정당화하려는 것이다. 나는 학생들이 학교 밖으로 나가기 이전, 학교 안에서 최대한 예방에 중점을 두는 체계가 가장 시급하다고 주장한다. 그래도 학교 밖으로 나가는 아이들이 있다면 그들을 어떤 이유로든 차별하지 않아야 공정한 교육이라고 볼 수 있다.

누구나 시행착오로 생긴 노하우와 작은 성공 경험조차 없이 맨몸으로 살아가기는 쉽지 않다. 오죽하면 드라마에서 '회사가 전쟁터라면 밖은 지옥'이라고 표현했을까. 아이들이 학교를 떠나는 이유는 단순하지 않다. 그만큼 여러 요인이 복합적으로 작용하기 때문에 어느 한 가지만으로 설명되지 않는다. 뒤집어 보면 학교를 나가는 것만이 해결책이 아닐 수 있다는 증거다. 학교를 나가는 것보다 그곳에 머물러 있는 것이 유익한 아이들이 있다. 학교는 이들을 볼 때 학업을 중단할 것인가, 아닌가 하는 것보다 앞서 언급한 부정적인 효과를 줄여 주고 사회에 나갈 준비를 시키는 시간을 갖는 것에 중점을 둬야 한다. 학업중단 위험에 처한 학생들에게 학교는 그것만으로도 가치 있는 곳이 될 수 있다.

학교는 답답한 감옥이다

도윤이는 대안 학교에서 퇴출당했다. 고등학교에 들어온 지 한 달이 지나자 학교에 다니는 것이 답답해졌다. 그래도 고등학교는 졸업하고 싶은 마음에 학기 초반부터 대안 학교에 지원해서 11월 까지 다녔다. 대안 학교는 자신이 다니던 학교에 적을 두긴 하지 만, 유연한 수업과 다양한 활동으로 커리큘럼이 짜여 있어 자유 롭고 여유 있게 다닐 수 있도록 만들어진 학교다. 하지만 대안 학 교에 가서도 출석률이 일정 기준에 미달하거나 폭행을 저지르는 등의 불량한 상황이 벌어지면 원적 학교로 돌려보내 진다. 그것 이 대안 학교에서의 퇴출이다. 도윤이는 대안 학교에서 출석 미 달로 더는 그곳으로 다닐 수 없다. 퇴출을 당하면서 다시 원래 적을 둔 고등학교로 등교해야 했다.

고등학교 진학 당시 도윤이는 일반계로 가고 싶지 않았다. 특성화 고등학교에 가서 기술을 배우고 싶었지만, 중학교의 출석률과 성적이 입학 기준에 미치지 못해 어쩔 수 없이 일반계 고등학교에 오게 되었다고 했다. 몇 년 전만 해도 특성화 고등학교는 인문계 고등학교에 들어가지 못하는 수준의 아이들이 가는 학교라는 인식이 팽배했으나 지금은 최소한 상위 70% 이내의 범위에 들어야 들어갈 수 있는 곳이 되었다. 아직 그 상황을 모르는 부모들도 많다. 어쨌든 도윤이가 가고 싶었던 특성화 고등학교는 바닥에 가까운 그의 성적으로는 갈 수 없었다.

도윤이가 처음부터 문제를 일으킨 것은 아니었다. 초등학교 때는 학교도 곧잘 다녔고 성실한 편이었다고 했다. 도윤이 말에 따르면 초등학교 때 부모님의 이혼으로 아빠와 세 살 위의 형과 함께 살게 되었는데 형은 몇 해 전에 집을 나가서 연락 한 번 하지 않아서 그런지 형에 대한 기억도 별로 없었다. 도윤이 아버지는 일용직 근로자로 일거리가 있는 곳엔 어디나 가서 일했지만, 돈벌이가 시원찮았다고 했다. 한 달에 서너 번쯤 집에 들어오셨다.

중학교 2학년이 되자 등교를 하지 않아 결석이 많아졌다. 학교에 안 가고 집에서 늦게까지 잠을 자거나 밖에 나가 친구들과 노는 것이 즐거웠다. 아버지와 형이 없는 집에서 혼자 먹느라 끼니는 잘 챙기지 못했고 식사 시간마저 불규칙해졌다. 라면이 주식이었고 라면이 떨어졌을 때나 밥을 지었다. 그때만 해도 졸업을 못 할 정도는 아니었다고 한다.

혼자 있는 집에서 가장 큰 문제는 잠이라고 말했다. 자정에 자도 다음날 오후 한두 시나 돼야 일어났다. 자신도 매일 아침에 일어나기 힘들어서 자명종을 두 개씩 맞춰 두었으나 소용없었다. 깨워 줄 사람조차 없는 환경인데 아버지는 도윤이에게 학교도 가지 않고 잠만 잔다고 화를 냈다. 훈계의 방법으로 혼밖에 낼 줄 몰랐던 아버지의 꾸지람은 아들의 행동을 바꾸기에는 역부족이었다. 급기야 아버지는 술을 마신 날 밤 도윤이를 흠씬 두들겨 팼다. 그 후로 도윤이는 2주 동안 가출해서 친구 집, 찜질방 등을 전전하며 하루하루를 보냈다고 했다. 그동안은 학교에 연락도 없다가 자퇴서를 쓰고 싶다며 모습을 드러냈다. 한 달 만의 등교였다. 오랜만에 나타난 반가운 얼굴이지만 본인도 맘고생을 많이 했는지 수척해 보였다.

사춘기의 중요한 시기를 외롭고 힘들게 보내는 아이들이 생각 외로 많다. 가정에서의 돌봄 부족은 학교에 적응하지 못하는 주요한 원인이 되기도 한다. 이 경우 사람들은 아이가 힘들다는 표현을 일탈과 무기력으로 간주하고 단순히 문제아로 취급해 버린다. 이해하지도 않고 대화는커녕 되려 혼을 내며 가르치려 들거나 방관하고 외면하기 일쑤다. 학교조차 그런 아이를 감싸 주지 못하고 있다. 언뜻 생각하면 개개인의 환경이 고려되지 않는 채 규칙과 기준에 따라 동일하게 처벌하는 것이 평등이라고 생각하기 쉽다. 학교는 대부분 그런 아이들의 자퇴가 당연하다고 여기는 경향이 있다. 학교가 도윤이와 비슷한 처지에 놓인 학업중단 위기의 아이들이 사회에 나가기 이전에 배움을 가질 수 있는 보루의 역할을 하지 못 하는 것이다. 이들은 결국 사회적인 상황에서 어떻게 해야 하는지를 배우지 못한 채, 잘못된 길로 접어든 상태로 어른이 되어 간다.

전화선 너머로 강민이 어머님은 긴 한숨을 쉬었다. 강민이가 집에 있는 시간은 거의 매일 게임을 하며 보내고, 공부한다고 나가서는 친구와 피시방 가는 경우가 많다고 했다. 같이 다니는 친구들조차 강민이가 게임을 너무 많이 한다고 말했을 때 심장이 철렁했다고 한숨 지었다. 게임을 하지 못하도록 해 봤지만 소용없었다. 걱정하는 어머니와는 달리 강민이 자신은 게임을 많이 하는 것으로 생각지 않았다. 공부에 대해 언급하기라도 하면 예민하게 반응하며 내 맘대로 하게 놔두라고 말했다. 올바르게 살라는 말을 잔소리로만 여겼다.

강민이는 고3임에도 불구하고 3일째 등교를 하지 않았다. 처음에는 공부를 열심히 할 것 같은 기대감을 주었으나 이내 시들해지고 말았다. 이제는 학교에 가 봤자 마음도 편치 않고 답답하기만 하다고 호소했다. 무엇을 답답해하는지 몰라 어머니 마음은 타들어 갔다. 내 눈에는 강민이가 왜소하고 키가 작아서 의자에 앉으면 마치도 초등학생처럼 보였다. 그래서인지 어머니 또한 아들을 아직도 어리게만 여길 뿐 여느 사춘기 아이들처럼 얼굴과 옷매무새 등 외모에 유난히 신경을 쓴다는 사실을 잘 모르고 있는 것 같았다.

학년 초에 친구와 싸워 강민이의 오른 손목 인대가 손상되는 사건이 있었다. 사과나 보상에 대해 협의를 하려고 했지만 무슨 일인지 한사코 괜찮다고 했다. 깁스하고 통원 치료도 하는 바람에 학교 공부는 아예 손을 놓은 상태가 되었다. 강민이는 하고 싶은 일이 없다고 했다. 원하는 대학도 없고, 목표도 불분명했다. 무표정한 얼굴로 눈도 마주치지 않고 손가락의 각질을 쉼 없이 뜯어 냈다. 내가 묻는 말에는 "그러겠죠."라고 남 이야기하듯 대답하곤 했었다.

부모는 강민이가 어릴 때부터 가게를 운영하며 바쁘게 생활한 까닭에 집에 있을 때가 적었다고 했다. 게다가 네 살 위 누나는 대학 기숙사에 들어간 상황이어서 본의 아니게 혼자 밥을 차려 먹을 때도 많았고, 먹는 것이 귀찮으면 굶는 등 멋대로 하는 생활에 익숙해져 있었다. 학교는 정해진 규칙이 있고 일정 기간 등교를 하는 경우만 졸업장을 준다. 수업 일수가 얼마 남지 않아 잘못하다가는 졸업도 못 하게 될 수 있었다. 그런 모습을 보고 어른들이 하는 걱정 어린 비난과 질책이 강민이를 더 숨 막히게 했다.

부모가 바쁘거나 여타 다른 이유로 가정에서 제대로 된 양육 환경에 놓이지 못한 아이들이 의외로 많다. 부모들이 바쁘게 사는 이유를 모르는 사람들은 없지만 아이들 입장에서는 서운하고 해 준 게 없다고 여겨질 수 있다. 또한, 그들에게는 학교가 답답하고 가고 싶지 않은 곳이 될 수 있다. 그러나 부족한 의지와 학업 동기에 비해 그래도 졸업만큼은 해야 한다는 생각은 분명하다. 밖으로 향하고 싶은 마음을 그나마 학교에 잡아 두고 고민을 하는 이유도 우리 사회에서의 학력이 주는 의미를 너무 잘 알기 때문이다. 학업중단을 생각하는 아이들의 깊숙한 곳에 숨어 있는 진심을 찾아내려면 진솔하게 대화할 시간과 관심이 필요하다.

그만큼 공을 들여야 하지만 마음을 읽지 못한 상태에서 문제라고 단정 짓는 일이 흔히 일어난다. 어디에도 기댈 곳 없이 방황하는 아이들에게 문제라는 낙인을 붙여 학교 밖으로 밀어내는 셈이다.

학교가 재미없고 답답하다는 이유로 그만두려는 아이들을 현재의 제도와 시스템에서는 구제하기 쉽지 않다. 그렇지만 많은 아이를 그냥 내버려 둘 수만도 없는 일이다. 그랬다가는 결국에 학업을 중단할 가능성이 커지기 때문이다. 확실한 것은 문제아로 낙인찍어 학교 밖으로 몰아내는 일은 없어야 한다는 것이다. 학교 안에서 아이들이 어떻게 해야 하는지를 배우고, 청소년기의 발달과업을 달성해 나가도록 옆에서 마음을 터놓고 이야기를 나누며, 단 한 명이라도 챙기려는 노력이 중요하다. 주요 과업들로는 자아정체감, 사회적 역할, 독립준비, 도덕발달 등을 형성해 나가는 것으로 이후의 발달 단계로의 이행에 굉장한 영향을 미친다. 그러므로 정말 큰 잘못이 아니라면 아이들의 실수와 잘못을 꾸짖기에 앞서 바른 것을 가르치고, 그들이 깨달을 동안 따뜻하게 맞아 주는 학교가 되어야 한다. 그러나 아직 학교는 그러지 못하고 있다.

살기 위해서 학교를 떠나고 싶다

등교하던 어느 날 아침에 있었던 일이다. 복도를 지나 상담실로 들어가는 길에 교실 창문으로 책상에 두 팔을 뻗은 위로 턱을 받치고 멍하니 칠판 너머를 바라보고 있는 아이들이 보였다. 아예 엎드린 아이도 있었다. 학교 오는 것이 힘들었던 것일까 생각하면서 한편 아침부터 엎드린 이유가 궁금했다. 매일 아침이면 그런 아이들이 수두룩하다.

코로나19로 인해 학교를 못 나오는 그때가 좋았다고 하는 아이들도 많았다. 어떤 면에서는 코로나19 팬데믹(pandemic) 상황이 아이들이 학교에 가지 않아도 되는 자유를 공식적으로 누리게 한 결과가 되었다.

이렇게 숨통이 트이는 상황에서도 절망에 찬 아이들의 몸부림은 계속된다. 그날은 첫 수업 시간이 시작되기도 전에 3학년 담임 교사로부터 학생 한 명을 보내겠다는 연락을 받았다. 그렇게 만나게 된 아이는 자살하려고 한강 대교를 다녀왔던 시우다.

문을 열고 들어오는 시우의 얼굴은 굳어 있었다. 교복 안에 입은 흰 티는 구겨지고 얼룩져 보였다. 급하게 나온 사람처럼 옷매무새와 머리카락도 흐트러져 있었다. 안색을 살피면서 "아침은 먹었어?"하고 인사를 건네고는 "물이라도 한 잔 줄까?" 물어보았다. 아이는 힘없는 목소리로 "괜찮아요"라고 말하며 자리에 앉았다. 아침은커녕 물 한 모금도 마시지 못한 것처럼 시들해 보였다.

"무슨 일 있었어?" 하고 질문하자 담담한 목소리로 죽고 싶었다고 말했다. 그리고 체념하기라도 한 듯이 며칠 전에 학원 다니는 일로 부모님이랑 싸웠다며 집이든 학교든 다 포기하고 싶었다고 했다. 심상치 않은 느낌이 들었다. 오늘이 중요한 시점이란 생각에 계속 말할 수 있도록 하자 시우는 그동안 마음에 간직했던 불만을 토해 냈다. 공부하느라 밤늦게 돌아오는 자신에게 신경 쓰지 않는다는 생각, 부모의 다툼이 자기 때문인 것 같아 자신만 없어지면 되겠다는 생각, 동생이 공부 안 하는 게 자기 탓인 것 같아 괴롭다는 생각 등이었다. 나는 시우의 심각한 표정에서 오래

전부터 해 온 고민이었음을 짐작했다.

나는 "그동안 시우가 아주 힘들었구나. 얼마나 힘들었으면 그랬겠어. 모든 책임이 시우에게 있는 게 아닌데 고통스럽게 혼자 간직했으니 오죽 고단했겠니."라고 위로의 말을 건넸다. 시우는 "집 밖에서, 한 시간 동안 생각해 봤지만, 자신이 다른 사람에게 피해를 주고 있는 것 같아 괴롭다"고 했다. 이어서 얘기를 한다고 해결할 수도 없는 일이라 누군가에게 차마 말하지 못했다며 마음에 있는 말을 털어놓고는 눈물을 뚝뚝 흘렸다. 그럴수록 시우의 외로움은 더 깊어 보였다.

열흘 전에도 짜증스러운 일이 있었다고 했다. 이전에도 공부 때문에 여러 번 갈등이 있었는데 이번엔 홧김에 뛰어내릴 생각으로 베란다로 향했고, 엄마가 급히 따라와서 잡았다고 했다.

그 일이 있고 난 5일 후, 시우는 한강 대교에 갔다. 그날도 부모님과 부딪친 아침이었다고 했다. 유리컵을 집어 던질 정도로 격한 말싸움이 오갔다고 한다. 매번 별것 아닌 일로 인해 크게 싸웠고, 수년간 쌓여 온 감정이 이젠 건들기만 하면 폭발할 것 같은 날이었다. 그 와중에도 시우는 평소 습관처럼 등교했지만, 아침을 기분 나쁘게 시작해서 온종일 마음이 심란하고 피로했다. 하루 동안 무슨 공부를 했는지 기억조차 나지 않았고 집을 나와야겠다는 생각밖에 하지 못했다고 했다. 지루한 일과가 끝나갈 즈음 전화기가 없다는 사실을 깨닫고 친구에게 휴대 전화를 잠깐 빌려 몇 가지 검색을 하고는 이내 돌려주고 여느 때와 다름없이 하교했다.

그날 오후 8시경에 시우 아버지는 경찰로부터 전화 한 통을 받았다. 아들을 보호하고 있으니 데려가라는 내용이었다. 학생이 한강 대교에 가는 것을 붙잡아 놓았다는 말과 함께 자살하려 했다고 알려줬다. 시우는 하굣길에 집으로 가지 않고 한강 대교로 향했다. 경찰이 아니었다면 큰일이 일어날 뻔했다. 다행스럽게도 친구가 미리 전화로 경찰에 알려 대기하고 있었기 때문에 안전하게 마무리가 되었다는 것이다. 그 친구가 시우를 살렸다 해도 과언이 아니다.

아이는 그저 부모의 관심을 받는 것, 집에 들어가면 따뜻하게 맞이해 주는 정도면 별문제 없이 살 수도 있다. 그러나 그것마저 되지 않을 때 회복 불가능하다고 확신하며 생각해 내는 것이 자살이다. 학교는 나가서 뭐 하고, 인생은 살아서 뭐 할 것인가. 영원히 지속할 것 같은 고통, 그래서 헤어나오지 못할 것 같은 두려움을 갖는다. 남은 인생에 대한 두려움은 극단적으로 벗어날 방법을 선택하게 한다. 극단적 방법은 어쩌면 당사자가 취할 수 있는 제일 나은 선택이었을지 모른다. 중요한 것은 주변에서 '그 아이를 어떻게 바라보고 있는가?' 하는 것이다. 그 시선이 아이를 죽음으로 몰아넣을 수도 있고, 새롭게 살아갈 방법을 찾게 할 수도 있는 일이기 때문이다.

'당신의 시선은 자녀의 어느 쪽에 머물고 있는가?'

하민이는 표백제를 마셨다. 공부 못하는 것을 두고 엄마와 아저씨는 매번 스트레스를 주었다. 함께 사는 아저씨는 많은 것을 간섭한다고 했다. 하민이 아버지는 어릴 때 돌아가셨다. 배다른 어린 동생이 자라는 동안 시골 할머니 댁에서 생활했기 때문에 외삼촌과도 함께 산 적이 있다. 가끔 외삼촌이 집에 와서는 하민이가 생각 없이 행동한다고 말하면서 공부하라고 잔소리를 하곤 했다. 엄마는 아무 말도 하지 않았지만 맞는 말이라는 듯이 고개를 끄덕였다.

또 언제인가 실수로 화분을 깼던 일이 있었는데 그것에 대한 핀잔을 듣고 나서부터 하민이는 어른들이 무슨 말을 하면 혼을 내는 것으로 받아들였다. 그 말이 듣기 싫어서 '내 일은 내가 알아서 한다'며 말을 잘랐다. 그럴 때면 가족들로부터 잘못을 인정하지 않거나 뉘우치지도 않는다며 혼나는 일들이 반복되었다.

얼마 전 일요일에 또다시 공부를 못 하는 것으로 무시당하는 상황을 겪었다. 하민이는 그것이 너무 기분 나빴다면서 어른들은 왜 강요만 하는지 모르겠다고 했다. 가까운 사람들이 자신을 괴롭힌다고 생각하는 것 같았다. 초등학교 때부터 아무것도 하지 않았고, 지금도 학교에 가라고 강요해서 다닐 뿐 다녀야 할 이유도, 졸업장이 무슨 의미가 있는지조차 모르겠다고 했다. 자기가 살아서 뭐하나 싶었고, '왜 이렇게 사나?' 하는 생각이 들어 순간 세탁실에 놓인 표백제를 마셨다. 죽을 만큼 속이 아팠지만, 다행히 엄마가 바로 발견하고 병원으로 옮겼기에 더 큰 일은 일어나지 않았다.

부모조차 자신의 어떤 것이 아이들을 죽음으로 몰고 가는지 깨닫지 못한다. 그저 아이들이 잘되길 바랄 뿐이다. 마음은 그럴지라도 세계 명작 동화 '바람과 해님'에 나오는 해님 같은 어른은 많지 않은 것 같다. 외투를 벗기려고 할수록 행인은 옷깃을 더 여민다. 바람은 행동을 하게 하려는 외적인 힘이라고 생각할 수 있다. 외부적인 강압을 가하기보다 오히려 따뜻한 마음으로 대할 때 우리 아이들은 극단적인 방법으로 힘든 현실에서 벗어나고 싶다가도 성실하게 살아야 함을 깨닫는다. 혹시 부모들이 자신의 삶에 치여 아이들에게 따뜻한 말과 여유로운 마음을 줄 수 없는 것은 아닐까? 문제는 아이가 아니라 부모가 해결해야 할 자신의 문제와 아이의 일을 분리하지 못하는 데 있는 건 아닌지를 생각해야 한다. 조금 더 관심을 두고 아이의 처지에서 바라보면 누구보다 괴로워하는 것을 알아차릴 수 있다.

　누구나 자기가 사는 현실이 가장 힘든 법이다. '살기 위해서 학교를 떠나고 싶다'고 절규하는 아이들에게 사람들은 죽을힘이 있으면 그 힘으로 살라고 말한다. 하지만 정말 힘든 상황에 놓인 그 순간엔 들리지 않는 말이다. 역시 자신을 이해해 주는 사람이 없다는 것만 확인하고 절망스러울 뿐이다. 아이들은 학교에서, 집에서 힘들다고 끝없이 호소해도 어른들의 관심은 공부밖에 없는 것 같다. 그렇지 않아도 공부가 힘든데 어른들은 공부만 하라고 다그친다. 아이들의 대부분은 공부 때문에 힘들어한다. 공부를 못한다고 해서 아무 재능도 없는 것이 아니다. 누구나 자기만의 장점과 자신만의 소질이 있다. 단지 아직 찾지 못했을 뿐이다. 물론 자신의 장점과 소질을 발견하기는 쉽지 않으나 지금 당장 능력을 갖추지 못했다는 이유로 좌절하지 않게 아이들을 포용하는 것이 필요하다. 무궁한 가능성을 섣불리 닫아 버리는 일이 일어나지 않도록 말이다. 다만 지금은 한 걸음씩 세상을 향해 당당히 나아갈 수 있도록 도와주어야 할 시기다.

학교는 견뎌 내야 하는 곳이다

교실에서 졸던 아이들은 수업이 끝나자마자 잠에서 깨어 복도로 뛰어나간다. 10분밖에 되지 않는 쉬는 시간은 일분일초가 아깝다. 쉬는 시간이면 교실에서 복도에서 떠들고, 붙잡고, 욕하고, 소리 지르고, 쫓고 쫓기는 일들이 벌어진다. 헤드록을 거는 아이, 바닥에 드러눕는 아이, 부둥켜안고 힘겨루기를 하다가 바닥에 패대기를 치는 아이들도 있다. 그래도 재미있다고 웃는다. 나는 그런 풍경을 볼 때면 정식으로 씨름을 할 수 있도록 판을 만들어 주고 싶다. 몸은 이미 성인과 다르지 않은 아이들이 한꺼번에 움직이기에는 교실과 복도가 비좁다. 그러나 10분이 지나면 정신없던 복도는 수업 종과 함께 교실로 빨려 들어간 아이들로 텅 빈다.

주원이 어머니는 체구가 작았다. 얼굴에는 화장기라곤 보이지 않고 그 흔한 립스틱도 칠하지 못한 채로 남편과 함께 학교에 방문했다. 주원이가 조용한 성격이라 문제가 없을 것이라 안심했었다고 했다. 이야기를 들어 보니 이사로 인해 전학 갔을 때 조금 힘들어하긴 했지만, 중학교에 다니는 동안에도 별다른 큰일이 없었다. 고등학교에서도 걱정한 것과는 달리 새로운 친구랑 곧잘 어울렸다. 같은 반 친구와 여름 방학 때까지만 해도 잘 지냈다고 생각했다. 문제는 2학년이 되고부터였다.

학교는 수업 시간에 아이들이 대여섯 개의 조로 나눠 모둠 활동을 한다. 협동심을 함양하고 분할 과제를 수행하며 각자의 장점을 극대화하기 위함이다. 모둠 활동의 결과는 수행 평가나 성취도 평가점수와 직결되는 경우가 많다. 그러나 이런 취지가 잘 발휘되지 않아 상처받는 아이들도 생긴다.

주원이는 모둠에서 자신에게 할당된 과제를 해 갔지만 무슨 일인지 조원들이 만족해하지 않았다고 한다. 3학년을 앞둔 아이들이 내신에 민감하게 반응하는 일은 비일비재하다. 모두가 점수 때문이다. 모둠에서 빠지라고 말하는 조원 한 명 때문에 상처받고 힘들었지만 그렇게 말하는 이유조차 몰랐다고 했다. 잘못한 게 없는 데다 노력해도 나아지는 것이 없다며 기가 죽은 채 한숨을 쉬었다. 급기야 주원이는 '애들이 이상해서 자기와는 맞지 않는다.'라고 생각하기에 이르렀다. 이야기인즉슨 아이들이 자신을 투명 인간 취급하는 학교를 도저히 나갈 수가 없었다고 한다.

부모는 고등학교 2학년인 아들이 갑자기 학교에 안 가겠다고 해서 걱정이었다. 속 타는 마음에 눈물밖에 나오지 않는다고 했다. 얼마 안 남았으니 조금만 참으라고 달래며 학교를 보내기도 했지만 도착해서도 교문 앞만 서성이다 다시 집으로 돌아갔다. 내일은 학교에 갈 테니 오늘은 가지 않겠다고 완강히 저항했기 때문이었다. 아이가 상처를 잘 받는 편이어서 조심스럽게 타이르고 차를 태워다 주며 갖은 좋은 방법을 동원해 봤지만 잘 듣지 않았다고 말했다. 공부를 시킨 것에 스트레스가 많았던 것 같다며 씁쓸해하기도 했다. 상담실에서 부모 옆에 앉은 주원이는 우리가 말을 나누는 내내 손으로 얼굴을 만지고 눈 마주침은 한 번도 하지 않았다. 나에게는 주원이가 온몸으로 말하고 싶지 않다는 표현을 하는 것으로 보였다. 집에서도 점점 말하기 싫어하고 묻는 말에만 겨우 짧게 대답할 정도로 말수가 줄었다고 했다. 아버지가 말을 이었다. "오늘 아침에 학교 가려는데 심장이 터질 것 같다고 하더라고요, 적응이 안 되고 수업 내용을 이해하기 어렵고, 배울 의욕도 없다고요." 게다가 점심시간 한 시간을 혼자 있는 것도 싫고 그런 시간을 견디기 어렵고 모둠 활동에서 조원이 못하면 자신의 성적이 떨어지는 것에 예민한 애가 있어서 더 힘들어한다고 말하면서 학업중단숙려 기간을 연장해 달라고 요구했다.

학교생활의 대부분인 수업 시간을 멍하니 보낸다는 것은 고역이다. 목표 없는 아이들은 미래에 대한 불안 또한 크다. 학교를 견디기 힘들어하는 아이들에게 졸업하기까지의 과정이 어려운 것이 사실이다. 엄밀히 말해 그들은 목적의식이 없다기보다 실패와 좌절을 반복해서 겪으면서 목적을 갖는 자체를 부담스러워하는 것이다. 공부를 못하면 친구들에게마저 이해도 존중도 받지 못하는 곳, 그래서 억지로 견뎌 내야 하는 학교가 되었다. 얼마나 힘들었는지 물어봐 주는 사람은 없다. 마음이 어떤지는 관심 밖의 일이다. 숙제는 잘했는지, 시험 점수가 얼마나 올랐는지, 석차가 어떻게 되는지, 왜 틀렸는지, 뭐가 문제였는지만 알고 싶을 뿐이다.

고등학교 1학년인 은호도 마찬가지다. 교실에 앉아 있는 순간을 참기 힘들어했다. 검정고시를 준비하려고 학원도 다녔으나 차라리 학교에서 또래하고 공부하는 게 낫다는 생각에 그만두었다. 그러나 막상 학교에 오면 같은 반에 싫어하는 학생이 있어서 불편했다. 담임선생님께 반을 바꿔 달라고 호소했으나 받아들여지지 않았다. 어떤 방법으로도 학교에서 종일 지내는 것을 해결하지 못했다.

학교에서는 학업중단 예방 지원팀 회의를 열었다. 은호가 너무 힘들면 스트레스를 주지 말고 쉬게 하는 것이 우선인 것 같다고 학업중단숙려를 제공하도록 의견을 모았다. 그러나 이러지도 저러지도 못한 은호는 갈등으로 인해 스트레스를 받았다. 고민하느라 밤잠을 설치고 학교에서 쏟아지는 졸음을 참지 못해 잠을 잤다. 내신 성적이 낮아서 수시로 대학에 갈 수 있을지 불분명하고 목적도 없다고 좌절했다. 쓸모없는 사람이라는 생각은 자신을 더 초라하고 우울하게 만들었다. 그러다가도 다음날은 학교에 다니고 싶다고 생각하는 등 하루하루, 오전 오후에 마음이 달라졌다.

상담하던 날, 은호는 감기 기운이 있어서 학교에 가지 말까 생각했다. 하지만 자신을 위해 노력하는 사람들 때문에 학교에 가야겠다는 생각이 들었다고 했다. 학교에 나오면 힘들고 수업도 못 알아듣고, 친한 애들도 없고, 발전이 없는 것 같다고 말하지만, 그래도 학교에는 나온다. 학교를 끝까지 마치고 졸업하고 싶은 마음과 다니고 싶지 않아서 억지로 다니는 두 가지 상반된 감정이 오갔다. 게다가 출석 일수까지 신경 쓰며 불안을 달고 사니 얼마나 마음이 고달플까? 조퇴는 일주일에 3회나 되었고 기분에 따라 버티는 날도 있었다. 친구가 없어도 학교에 다니기로 결정하니 마음이 편해졌다고도 했다. 힘들지만 끝까지 그만두지 않으려고 견디느라 애를 쓴다. 은호는 학교에 나와 있는 지금도 왜 남아 있어야 하는지 모르겠다고 말한다.

은호가 계속 미래에 뭘 해서 먹고살아야 할까?를 고민하는 것은 아직 어떤 결정을 내릴 단계가 되지 않았기 때문이다. 그러면서도 일단 학교에 나오는 걸 보면 마음이 정리되기까지 학교에 머무는 것이 유익하다는 것을 무의식적으로 아는 것 같다. 이런 상황에서는 계획 없이 섣부르게 학업을 중단하지 않도록 돕는 것이 내가 해야 할 일이다.

교실의 아이들을 크게 세 종류로 나눌 수 있다. 공부에 힘쓰는 몇 안 되는 우등생, 학교에 다니고는 있으나 학업중단 위험군에 속한 아이들 그리고 그럭저럭 학교만 다니는 소극적인 다수의 아이다. 교사들의 구분은 어쩌면 공부하는 아이와 그러지 않는 아이로 더 간단할지 모르겠다. 학교를 통해 성공이나 부를 축적하려는 욕구는커녕 아무것도 하지 않으려는 아이들의 비율이 조금씩 높아지고 있다. 하지만 이들조차 학력 사회인 우리나라에서 고등학교도 제대로 나오지 않는다면 경제 활동을 통해 기본적인 삶을 살아가기 어렵다는 것을 잘 알고 있어서 고심이 더 크다.

일과가 끝난 아이들이 하교한 후의 학교 풍경은 낯설다. 좁게만 느껴진 교실엔 고작 한두 명 남짓한 학생들만 앉아 횡뎅그렁하다. 언제부턴가 방과 후의 학교 운동장엔 공놀이하는 아이들을 찾아보기 힘들다. 아이들이 빠져나가 텅 빈 학교는 이질감을 주는 공간으로 느껴질 정도다.

오늘도 생기 없이 등교하는 아이들에게 학교는 힘들게 견뎌내야 하는 곳이다. 아이들은 학교에서 오로지 대학에 가기 위한 공부 외에 하는 것이 별로 없다. 주중에는 매일 하루 8시간 이상을 학교에서 지낸다. 그러고도 학원에서 공부한다. 멀리서 보면 학교에 다니는 아이들의 모습이 아무런 문제가 없는 듯 보인다. 매일 아침이면 교복을 입고 등교하고, 종례가 끝나면 빠르게 흩어진다. 평온하기 짝이 없는 일상이지만, 안을 들여다보면 학교에 다니는 아이들의 제각기 다른 사연이 존재한다.

특히 학업을 중단하려는 아이들에게는 획일적으로 경쟁과 입시에 매몰된 공부가 학교와 멀어지게 하는 원인이 되고 있다. 실수할까, 실패할까 두려워하는 아이들이 학교를 거부하는 것은 개인의 잘못이나 일탈이라기보다 시스템 안에서 일어나는 사회적인 문제로 인식해야 한다. 집에서도, 학교에서도, 사회에서도 아이들에게 공부하지 못하면 어떻게 되는지에 대해 겁박을 한다. 겁은 아이 내면에 따리를 틀고 불안이라는 감정을 키운다.

학교는 아이들의 불안을 감소하고 편안한 마음으로 다닐 수 있는 곳이 되어야 한다. 어떤 아이라도 걱정 없이 다양한 경험과 도전, 실천을 할 수 있는 장소로 인식되도록 말이다. 아이들이 많은 시간을 머무는 학교의 책임이 막중한 이유도 여기에 있다.

성적을 꿈으로 꾸고 싶지 않다

지민이는 학교가 꿈을 품게 하는 곳이면 좋겠다며 울먹였다. 꿈을 꿀 수 있게 자기를 발견하고 계발하도록 준비해 주는 곳이길 원한다고 했다. 홈페이지에서 검사지에 표시하며 꿈을 찾는 대신 많은 것을 직접 해 보고 느끼는 곳이기를 바란다고 했다. 안타깝게도 검사 결과로는 꿈이 정해지지 않았다.

진학 지도 선생님은 1학년 때 진로를 정해야 한다고 누누이 강조했다. 진로와 연계된 활동으로 3년간 꾸준히 일관적으로 작성해야 망하지 않는다고 엄포를 놓아 두려웠다고 했다. 1학년 때 진로를 정하지 않으면 답이 없다고도 해서 지민이는 진로를 정했다. 자기를 알아가기 위해서가 아니라 선생님이 말하는 진로를 망치지 않으려고 마음에도 없는 직업을 써냈다. 그런 학교가 좋으면서도 싫고, 아직 준비도 하지 않았는데 졸업하고 사회에 나간다는 생각에 두려웠다. 차라리 졸업을 안 하고 싶다는 생각도 했었다.

다행히 계속 학교에 다니면서 하고 싶은 일이 생겼다. 자기처럼 힘들어하는 학생들을 도우며 사는 것이 보람되겠다고 느끼고 어려운 사람들을 도와주는 사회 복지사에 관심을 가지게 되었다. 그 순간은 스스로 괜찮은 사람이란 생각이 들었다고 말했다. 하지만 진로 상담을 받고 나서 무척 실망스러워했다. 요즘 사회 복지학과가 인기라서 그 성적으로는 생각도 못 한다는 것이다. 결론적으로 공부를 더 해서 성적을 올린 뒤에 다시 이야기하자는 말을 들었다고 했다. 지민이는 학교가 공부라는 것 하나로 자신에 대해 선입견을 품는다고 섭섭해했다. 어떻게 하면 원하는 학과에 갈 수 있는지, 무엇을 준비해야 하는지, 다른 전공을 하면서 사회 복지학을 복수 전공할 수 있는 곳은 어딘지 등 알고 싶은 것은 외면한 채 안 된다는 말만 하는 바람에 상처받았고 잠시나마 꿈을 꿨던 자기가 무가치하게 생각되었다며 우울해했다.

실제로 성적이 높은 학생은 여러 면에서 우대받기도 한다. 많은 아이는 공부 잘하면 학교에서 친구와 싸워도, 무슨 잘못을 해도 그럴 아이가 아니라며 선생님들이 두둔해 줄 거라고 생각한다. 지민이도 공부 때문에 차별받는다는 생각이 들어 속상했다고 했다. 이처럼 말 한마디에 상처받은 까닭은 공부를 잘했다면 선생님이 자신에게 그런 얘기를 하지 않았을 것이라고 해석하기 때문이다. 해석은 자신의 경험과 지식에 기초한다. 그러지 않아도 뭐든지 잘하는 애들에 비하면 무능력하고 자신감 없는 자신에 대해 싫은 마음을 가지고 있었는데, 마치도 공부 못하는 자신을 부끄럽게 생각하는 그 마음을 선생님께 들킨 것 같아 자존심 상하고 창피했을지도 모르겠다.

자율적으로 선택한 복지사라는 일을 통해 유능감을 얻으려 했으나 낮은 성적으로 도움도 못 받고 꿈마저 좌절되었다고 생각했을 것이다. 나는 마음속으로 '자존심에 생채기는 나지 않았으면 좋으련만' 하는 안타까움이 들었다. 만약 진로 담당 교사가 "어떻게 그런 생각을 다 했어. 지민이 기특하네. 만일 복지사가 된다면 지민이의 배려를 받는 사람이 누군지 모르겠지만 정말 행운일 거야. 선생님도 지민이 같은 복지사를 많이 만나고 싶다."라고 말했으면 어땠을까? 그렇게 자율성을 인정했더라면 비록 그 꿈을 이루지 못했을지라도 자기가 원하는 일에 대한 계획을 세우고 실천할 자신감은 생겼을 것이다. 왜냐하면, 인간은 자신이 자율적으로 결정한 것에 대해서는 진실성과 일관성을 유지하려는 동기가 있기 때문이다.

성적이 중시되는 교육 환경은 자신의 가치가 성적에 따라 달라진다고 느끼게 한다. 성적이 산출되는 시험은 평가할 수 있는 내용만 출제되기 때문에 여러 학생의 사회적·문화적 배경이 외면당할 수밖에 없다. 한 가지 잣대로 평가하기에 사람은 너무 복합적이고 다양하다. 학교가 시험으로 평가할 수 없는 내용까지도 성적으로 평가하려 드는 것은 문제다.

채원이는 성적에 맞춰 인생을 결정하고 싶지 않았다. 채원의 성적은 중간 정도다. 썩 잘하는 편은 아니지만, 꾸준히 노력한다. 채원이의 장점은 정리를 잘한다는 것이다. 시험 과목을 정리한 노트는 매우 훌륭해서 친구들이 빌려 보고 싶다고 할 정도다. 꼼꼼하고 정확성을 요구하는 일이 적성에 잘 맞겠다는 생각이 들었다.

채원이는 또래 관계에 주눅이 들어 있던 초등학교 5학년 때 자신감을 느끼는 데 도움이 되게 하려고 청소년 난타 프로그램에 참여했다. 5년을 꾸준히 배워서 발표회에서 난타 공연을 하고 봉사 활동도 하면서 조금씩 자신감을 회복해 나갔다. 중학교 2학년 때에는 제과 제빵 과정을 체험하고는 흥미로워했다. 채원이가 참여한 난타와 제과 제빵 과정은 청소년 수련관에 개설된 프로그램이었다. 무료 혹은 적은 비용만으로 다양한 체험의 기회가 주어지는 까닭에 등록하기 위해 컴퓨터 앞에서 대기할 정도다. 채원이가 재밌어서 고등학교에 가서도 꾸준히 배우도록 격려한 덕분에 제과와 제빵 자격증을 모두 취득했다. 국가 자격시험을 보는 날에 결석한 것으로 인해 고등학교 2학년인데 공부에 집중하지 않는다고 담임교사로부터 꾸중도 들었다.

채원이는 고등학교 때 자격증을 두 개나 따냈다. 그 과정에서 자신감이 매우 커졌다. 대학생 언니들도 몇 번씩 떨어지는 시험인데 스스로 흥미를 느끼고 공부하더니 학원에 의지하지 않고 알아서 해내었다. 그리고 4년제 대학에 들어가기보다 전문학교에서 실기를 충실히 하겠다고 스스로 결정하고 2년제 전문학교에 입학했다. 그리고 자격과 관련된 장학금도 받았다. 공부하는 근성이 뒤늦게 발휘되면서 2년 내내 월등한 학점을 꾸준히 유지했다.

방학이면 자녀가 좋은 성적을 받게 하려는 일념으로 학원을 몇 군데 더 보내고 싶은 게 일반적인 부모 마음이다. 부모들은 단기간에 효율적인 학습이란 목적을 앞세워 아이를 모질게 다그치며 부족한 능력을 보충시키려고 한다. 놀고 싶은 아이들의 생각은 무시되기 일쑤다. 뒤처지게 하지 않으려고 경쟁자로 여기는 친구부모의 눈치까지 살핀다. 그리고 더 해 주지 못한 것에 대해 항상 아쉬움을 갖는다.

부모들도 힘들어하는 공부를 아이들은 매일같이 하고 있다. 한 학교가 부모들께 아이들이 하는 일정대로 공부하게 했더니 더는 못 하겠다고 두 손 두 발을 다 들었다고 한다. 아이들은 하루 시간 대부분을 학교에서 보낸다. 한 조사에서는 학생들이 느끼는 스트레스의 82.2%가 학업 스트레스라는 결과를 발표했다. 공부를 잘하는지 아닌지와 상관없이 거의 모든 아이에게 성적이 산출되는 시험은 부담스럽다. 성적이 중시되는 환경에서는 모두가 성적에 민감하게 된다. 결과에 따라 자기의 가치를 가늠하는 잣대가 되기 때문이다.

나는 학기 내내 공부하는 아이들에게 방학만큼은 휴식의 시간으로 남겨 주자고 주장한다. 공부하지 말라고 진심으로 말해 보자. 걱정한 대로 공부는 하나도 안 하고 실컷 놀기만 할 수 있으나 잘 노는 것도 공부다. 그래도 공부할 아이들은 숨어서라도 할 것이다. 숨어서 몰래 하는 공부에서 재미를 발견할지도 모르겠다.

평가 방법이 달라져야 아이들이 성적을 꿈으로 꾸지 않는다. 성적 만능주의가 우리 학생들을 괴롭히고 있다. 성적은 두 가지를 발생시키는 원인으로 작용한다.

첫째는 학업중단이 발생하는 원인이다. 지난해 학업을 중단한 중·고등학생 4명 중 1명의 부적응 사유는 학업 부담 때문으로 나타났다. 하루 18명이 학업 부담을 감당하지 못해 학업을 그만둔 셈이다.

둘째로 중·고등학생이 죽고 싶다고 생각하는 이유다. 학업 부담으로 죽고 싶다는 중학생은 응답자의 34%, 고등학생은 39.7%가 그렇다고 대답했다. 중간고사와 기말고사, 수행평가의 점수는 내신을 구성하는 가장 중요한 요소이다. 그러므로 시험 점수가 잘 나오지 않으면 절망할 수밖에 없다. 이미 낮아진 성적을 회복할 기회마저 얻을 수 없다는 생각은 학업을 중단하거나 삶을 포기하는 극단적인 행동으로 몰아가기 쉽기 때문이다.

교사들은 대학 입시가 그러지 못하는데 일선에서 어떻게 하느냐며 실정 모르는 소리 한다는 핀잔을 줄지도 모른다. 교사뿐 아니라 교육에 관련된 많은 사람이 대입 전형에 모든 책임을 돌리며 어쩔 수 없다는 말을 수십 년을 되풀이하고 있다. 그러나 누구나 변화해야 한다는 사실을 안다. 학습과 배움의 균형을 조율해야 한다는 것도 알고 있다. 학교에서 아이들이 행복해야 한다는 것에 동의하지 않는 사람이 있을까? 그렇다면 변화를 시도하자. 성적을 꿈으로 꾸지 않은 아이는 행복하다.

모르겠는데요!

아이들이 말하는 고민거리는 다양하다. 그 내용을 분류해 보면 성적과 함께 또 하나의 요인으로 귀결된다. 사람들과의 '관계'다. 인간관계는 혼자 하는 것이 아니라 쉽지 않다. 서로가 좋을 때는 문제가 없지만 하나라도 원하지 않는 사람이 생기면 갈등이 증폭된다. 그 누군가가 틀려서가 아니라 자율권을 누리고 싶은 욕구가 침해돼서 갈등이 깊어지는 것이다. 반목에 노출되더라도 균형감을 이어 가며 건강한 방법으로 극복하는 것이 이상적이지만, 현실은 그와 다르기에 상당 부분은 실패를 경험하게 된다. 누적된 실패감은 자신을 무능력한 사람으로 인식될 가능성을 높인다.

갈등 상황에서 균형 잡는 능력도 형성하지 못하고, 나아가 딛고 일어서게 할 회복 탄력성마저도 떨어뜨린다.

내가 만난 한 아이는 "모르겠는데요."라는 말을 다섯 번이나 반복했다. 학교에 오지 않은 이유를 묻는 담임교사의 말에도 '그냥'이라고 대답하는 아이의 이름은 준우다. 학교에 나오는 것, 동아리에 참석하는 것 모두가 귀찮다고 했다. 밴드 동아리에 들었다고 해서, "와 밴드와 잘 어울리겠다."라고 말했더니 동아리에 참석한 적이 없다고 한다. 학교에 가지 않는 날은 밥조차 먹지 않을 만큼 많은 것이 귀찮다고 했다. 학교도 좋고, 친구도 좋고, 선생님도 문제없다고 생각한다면서 정작 학교에는 잘 나오지 않았다. 늦게 일어나는 것 때문에 나오지 않는 걸지도 모른다는 내 생각도 빗나갔다. 밤 11시에 잠을 자서 일어나는 게 어렵지 않았다고 했기 때문이다. 이야기를 더 하려고 해도 '모르겠다'로 일관하는 바람에 대화를 이어가기 어려웠다. 혹시 감정을 전달하는 단어를 못 찾는 게 아닐까 하는 생각이 들어 감정 카드를 이용해서 지금의 마음과 같은 단어를 찾아보게도 했지만 헛수고였다.

감정 카드는 많이 사용하는 70여 가지 감정 단어를 적은 카드를 말한다. 단어와 함께 표정 그림이 그려져 있어서 카드를 통해 상대방의 미세한 감정을 알 수 있다. 말을 하지 않더라도 그림으로 대화할 수 있다는 것이 장점이다. 보통은 중학생 이하에서 적용하는데 나는 준우처럼 말이 없는 아이들에게 가끔 감정 단어가 적힌 카드를 사용한다. 한정된 단어로 설명하기 어려운 마음을 표현하는 데 좋기 때문이다.

준우는 생각을 말로 드러내지 않는다. 집에서 가족들과 시간을 갖거나 대화하는 일이 많지 않았다고 했다. 친구들과도 자기의 기분과 생각 같은 일상적인 소통이 없다고 했다. 준우는 갈등 해결 방법을 알기는커녕 소통하는 방법도 잘 모르는 것 같았다.

학교에 있다 보면 자기표현을 하지 않는 아이들을 많이 만난다. 그럴 때마다 걱정은 커진다. 상담을 위해 대면한 두 사람이 멀뚱히 앉아 눈만 껌벅이는 상황을 상상해 보라. 질문에 대답조차 하지 않는 아이와 침묵하는 시간이 어색해서 무슨 말이라도 찾느라 머릿속이 분주해진다. 하지만 이제는 이렇게 요구한다. "내가 말할 테니 사실이 아니거나 듣기 싫다면 손을 들어 줄래?"라고 동의를 받은 후 상대방의 상황에 대해 알고 있는 범위 내에서 설명한다. 이야기를 들은 아이가 반응하면 "너는 그럴 수도 있을 것 같아."하고 덧붙인다. 말하는 내내 준우는 손을 들지 않았다. 가만히 앉아서 내 이야기를 잘 들어 주었다. 이런 행동을 통해 소통하는 다른 방법이 있음도 알게 되길 바랐다.

최초의 심리 욕구가 주 양육자로부터 채워친다. 유치원과 학교

등으로 새로운 것을 경험하면서 필요한 만큼의 양과 질로 확장되어 간다. 가정에서 건강한 균형감을 토대로 사회적 환경을 향해 가족 이외에 확대된 대상들과의 상호 작용에 따라 더욱 발전할 수 있다. 다시 말해 부모와의 관계가 건강해야 공부하거나 목표를 꾸준히 지속해 나갈 수 있는 건강한 자아상을 만들게 되는 것이다. 나는 부모들을 만날 때 자녀 관계만큼은 좋게 유지해 달라고 부탁한다. 관계 유지는 아이의 입장에 초점을 맞추는 데 있다. 어른들 머리로는 이해가 되지 않아도 먼저 그럴 수 있다는 타당성을 확인해 주는 것, 그것이 관계 유지 비결이다. 잠시 아이가 방황할지라도 관계가 깨지지 않았다면 회복은 언제든 가능하기 때문이다.

정현이는 고등학교 신학기부터 학교 다니기를 힘들어했다. 감기나 위염으로 질병 결석도 잦았다. 자퇴할까? 대안 학교에 갈까? 생각만 많고 어떤 결정도 내리지 못했다. 요리사가 되고 싶다며 요리 학교로 편입할까 했다가 서로 다른 부모의 의견을 어떻게 따라야 할지 몰라 시험도 보지 않았다. 수업 시간엔 친구들에게 농담을 걸거나 누구도 생각지 않은 놀라운 아이디어로 선생님을 긴장하게 만들었다.

어렵게 결정하고 간 대안 학교에서도 퇴출당했다. 학교로 돌아와서는 한동안 등교를 하지 않았다. 이번에는 자동차 정비를 배우겠다며 위탁을 신청했는데 3개월 만에 그만두고 다시 돌아왔다. 그러고는 학원을 바꾸고 싶은데 수강료가 비싸서 아르바이트해서라도 학원비를 벌어야겠다고 말했다. 만나서 이야기를 나누면 학교를 잘 나오겠노라 다짐했지만, 막상 다음 날에는 일단 쉬면서 생각하겠다고 하고는 늘 "모르겠다"고 말하는 바람에 여러 사람을 지치게 했다.

그런 정현이가 졸업했다. 누구도 졸업할 수 있을 것으로 생각지 못했던 정현이는 여러 사람 진을 빼긴 했으나 무사히 졸업할 수 있었다. 학교에서 관리자와 담임교사가 학업중단숙려 기간을 최대한으로 쓸 수 있게 해 준 것도 한몫했다. 건강한 자아상을 가질수 있도록 관계만큼은 잘 유지해 달라는 나의 말에 공감한 부모는 자녀의 주장을 인정해 주고 스스로 생각할 수 있게 기다려 주느라 애를 썼다. 모두가 힘을 합친 결과 한 아이가 졸업할 수 있었다.

엄마와 아빠의 의견이 다를 경우 그 사이에서 이러지도 저러지도 못하는 환경은 아이의 심리적 불균형을 가져오는 원인이 된다. 결정을 어려워하는 아이를 둔 부모가 서로 생각이 다를 경우가 많고 자신들의 노력에 비해 번번이 자녀로부터 고통을 받는다는 생각으로 힘들어하기도 한다. 아이조차 무엇을 할지 결정을 못하고, 이것저것 집적거리기만 했지 어디에서도 유능함을 발휘하기 어렵다. 결국, 자녀와 부모 양쪽 모두 무기력한 상태에 빠진다.

무기력은 마음의 세계가 닫혔음을 의미한다. 그럼에도 불구하고 변화를 추구할 에너지가 부족한 상태지만 청소년기는 사춘기라는 시기적 특성에 의해 다시금 에너지를 채울 기회가 마련될 수 있다. 다행히 무기력하고 의욕이 없는 아이도 어떻게 청소년기를 보내느냐에 따라 좋은 방향으로 변화할 가능성이 충분하다. 아이들 자신이 무엇을 하고 싶은지 알고 상반된 감정을 잘 정리할 수 있게 되면 책임감 있는 삶을 살게 하는 행동 변화로 이어질 수 있다. 그러기 위해서 먼저 타인으로부터 '그럴 수 있겠다'는 말을 들음으로써 자신이 인정받고 있다는 것을 느끼게 해야 한다. 그 당시는 변할 것 같지 않아도 보이지 않는 변화의 싹이 마음에서 자라는 중이기 때문이다. 시기가 지났다고 불가능한 것이 아니다. 이제라도 하고 싶은 것을 자율적으로 선택하고 사랑과 인정을 받는다면 유능함을 유감없이 발휘하게 될 것이다. 스스로 계획하고 꾸준히 목표를 향해 노력을 유지해 나갈 수도 있다. 청소년 시절 내내 부모와 교사의 지속적 관심과 배려를 받으며 학교생활의 안정을 찾아간 예는 너무 많다. 나는 학교가 존재하는 중요한 이유 중 하나가 거기에 있다고 생각한다.

학교는 잠자는 곳이다

'공부 못하고 싶은 학생이 과연 있을까?'

누구나 무언가를 잘하고 싶은 욕구가 있다. 공부가 싫고, 학교에 나오기 싫은 아이들조차도 말이다. 어찌 되었건 수업 시간에 잠자는 책임을 모두 학생에게 돌리는 것은 부당하다. 학생들은 들을 뿐 수업권은 교사에게 있기 때문이다. 생각해보라. 가르치는 사람이 재미없어하는 수업이라면 받는 사람은 지루하고 더 재미없다.

수십 년 전 나의 학창 시절을 돌이켜 보면 수업 종이 울리고 처음에는 열심히 듣다가도 하나둘 책상에 몸을 누이고 졸곤 했었다. 무거운 눈꺼풀을 이겨 내기 힘들었다. 수업이 재미없어 잠을 자다는 친구의 용기 있는 말에 어떤 선생님은 무척 화를 내기도 했다. 아이들을 공부의 세계로 끌어들이는 것은 교사의 능력이다. 수업 권한을 가진 교사가 어떻게 수업하느냐는 예나 지금이나 중요한 문제다.

물론 잠을 자는 것의 일부는 학생의 책임이다. 아이도 공부를 위해 어느 정도 참아야 하는 것은 분명하다. 그러나 아이들 처지를 고려한 변명 같기도 하지만 잠자는 아이들에게도 제각각 나름의 피치 못할 이유가 있었다. 내가 만난 한 아이는 아버지가 편찮으신 바람에 가정 형편이 어려워져 중학교 때부터 줄곧 학교 수업을 마치고 저녁 늦게까지 아르바이트를 한다. 그로 인해 피곤을 이기지 못해서 늘 수업 시간에 잠을 자곤 했다. 그리고 또 다른 아이는 공부를 해 본 적 없는데, 고등학생이 된 이후로 수업 시간에 다루는 내용이 무슨 말인지 도무지 알 수 없어 차라리 잠으로 시간을 보냈다고 했다. 이 아이들은 학교를 그만두고 싶은 생각이 시도 때도 없이 일어난다고 한다.

요즘의 아이들은 감각의 전이가 일어난 MZ세대다. 밀레니엄(M)세대와 Z세대를 통칭하는 이 세대의 아이들은 음식도 맛만 있어서 되는 게 아니라 모양도 좋아야 하고, 최신 경향에 맞으면서도 이색적인 경험을 하기 원한다. 여러모로 이전 세대와는 다른 사람들이다. 이들은 TV가 재미없으면 미련 없이 채널을 돌려 버리는 것처럼 수업에서도 재미가 없으면 바로 관심을 끈다.

두 해 전부터는 교실에서 생명 존중에 관한 수업을 하는 경우가 많다. 힘든 사회적 분위기 때문인지 자신뿐 아니라 타인의 생명을 존중하는 의식과 관련해서 교육 시간을 의무로 할당하고 있다. 상담과 관련된 영역이라 내가 담당하는데, 수업할 때면 아픈지 무료한지 알 수는 없으나 책상 위에 엎드린 아이들을 항상 본다. 깨우면 잠시 일어났다가 이내 엎드리는 아이가 있는가 하면 아무리 깨워도 죽은 척 안 일어나는 아이도 있다. 수업 중에 대체로 관심 있는 사례를 들려주는 5분 정도는 눈이 반짝인다. 하지만 다시 자세한 설명이 시작되면 익은 벼처럼 고개가 숙어진다. 고개 숙이는 아이들을 보며 좌절의 연속이었다. 깨워야 하나? 아니면 자도록 내버려 두어야 하나? 갈등도 참 많이 했다. 역시 강의는 흥미를 끌 소재를 자주 등장시켜야 한다. 궁리 끝에 집중력이 10분을 넘기지 못하는 패턴을 파악하고 10분 수업, 영상 확인, 10분 수업, 사례 설명, 10분 수업, 마지막 정리 식으로 수업을 재구조화했다. 조는 학생이 다소 줄어들기는 했었다.

나는 고등학교 전문상담사이며 인하대학교 겸임교수로 강의를 맡고 있다. 상담도 하고 교사와 학생을 대상으로 강의도 한다. 강의는 전적으로 강사의 역량에 따라 결과가 달라진다. 그래서 귀에 쏙 들어오게 말하는 명강사를 선호하는 것이다.

얼마 전에는 한 고등학교에서 두 번째 강의를 요청받았다. 이번엔 코로나19로 인해 강당에서 하는 강의를 영상으로 각 반에 송출하는 방식이라고 했다. 온라인 수업처럼 아무도 없는 공간에서 혼자 해야 하는 일이라 전달력이 떨어질 것이 우려되었다. 두 번세 번 강조해도 모자라는 중요한 주제였고 다루고 싶은 내용도 많았다. 하지만, 무엇보다도 지난해에 실시한 첫 강의에 비해 잘하려는 마음이 컸다.

첫 번째 강의 장소는 100명 정도가 앉아 있는 강당이었다. 나머지 아이들은 교실에서 미러링으로 전송되는 영상을 보았다. 준비했던 인사말이 끝나고 강의를 시작한 지 얼마 되지 않아 조는 아이의 모습이 눈에 들어왔다. 순간 내 강의가 재미없어서 그런가? 강의를 잘하지 못하나? 하는 걱정이 들었다. 잘하고 싶었던 내 마음과는 달리 아이들은 관심이 없는 것으로 보였기 때문이다. 게다가 무선 마이크 소리가 커졌다 작아졌다 하는 바람에 배터리를 교체하는 5분여 동안 가만히 있을 수 없어서 마이크 없이 강의를 진행했었다. 넓은 강당에 비해 소리가 작았던 나는 가능한 성량을 키우느라 목소리가 갈라졌고 아이들은 키득거리며 웃었다. 자던 아이도 눈을 번쩍 뜨는 것이 보였다. 창피하고 등줄기에서는 식은땀이 배어 나왔다. 주어진 시간만큼 전달한 후, 마무리로 내용을 정리하며 강의를 마쳤는데 한숨이 나왔다. 이번 경험은 고등학교에서의 초청 강의에 대한 잊지 못할 기억이 되었다.

다행히 실시간으로 진행된 두 번째 강의는 그나마 무사히 마쳤다. 아이들의 반응을 확인할 수 없는 수업 형태라서 충실히 잘 끝낸 수준에서 만족하는 정도였다. 학생들의 표정을 봐야 새롭게 만든 자료가 어땠는지 확인도 가능하고 강의 효과도 높일 수 있는데 그렇지 못한 아쉬움이 컸다. 자신의 강의가 아이들에게 어떻게 들렸는지를 아는 것은 중요한 일이다. 강의는 일방적으로 하는 것이 아니라 청중과 서로 소통하는 것이기 때문이다. 아이들도 졸린 건 어쩌지 못하는데 내 기분 때문에 강의에 집중하지 못하는 것을 아이들 책임으로 전가하는 일은 없어야겠다는 생각이 들었다.

아이들이 수업에 집중하지 못하는 이유를 세 가지 정도로 정리해 본다면, '피곤하다.', '알아듣지 못한다.', '재미없다.' 정도이다. 다시 말해 몸 상태의 문제, 능력의 문제 그리고 환경의 문제라고 할 수 있다. 앞선 두 가지는 학생 본인의 상태에 해당하는 것이다. 그렇지만 세 번째 교사라는 환경은 수업에 가장 큰 영향을 미친다. 학생의 학습 환경이 아무리 열악하다 하더라도 재미가 있으면 잠도 달아나게 할 수 있다. 이것이 바로 학교가 다양한 즐거움을 제공하는 곳이어야 하는 충분한 이유가 될 것이다. 재미있으면 아이들은 자동으로 집중을 하게 된다. 이러한 것을 참고로 긍정적인 교육 환경을 만들기 위해 다음과 같은 학교가 되어 주면 좋겠다.

- 재미와 유익이 많다고 인식되는 학교
- 수업 내용에 흥미로움을 더해 주는 교실
- 밥이 맛나서 점심시간이 기다려지는 장소
- 친구들하고 노는 시간이 재미있는 공동체
- 공부와 별개로 학교 가는 게 즐거운 일이라 생각되는 공간
- 선생님과 나누는 이야기에서 힘을 얻는 에너지 충전소
- 가르치는 사람도 그 수업이 기다려지는 배움터
- 어떤 것에든 재미를 붙일 것이 있어서 정말 좋은 곳

유익함과 즐거움을 못 느끼는 아이들에게 학교는 고달픈 곳일 수밖에 없다. 공부 외에 할 수 있는 것이 없는 아이들은 이미 지쳐 있다. 집에서는 엉뚱한 것으로 밤을 새우고 학교에서 자는 악순환을 되풀이한다. 피곤한 아이들은 생각이 있어서 잠을 자는 것이 아니다. 그저 졸린 몸을 누이는 것, 오로지 그것만이 목적이다. 그런 행위가 교사를 무시하려는 것도 아니고 기분 나쁘게 하려는

의도는 더더욱 아니다. 단지 그것을 바라보는 사람이 불쾌하게 느낄 뿐이다.

학교에 다니는 동안 즐거웠던 경험은 학습을 지속하게 만드는 아주 중요한 요인이 된다. 의지를 갖고 뭔가를 해 보지 못한 아이들이라도 학교는 변화를 가져오게 할 수 있다. 그러므로 학교에 다니는 자체가 즐거움이 되어야 한다. 이러한 학교에 대한 경험은 졸업 후에 더 잘 깨닫게 될 것이다. 교육이 좀 더 효과적으로 되기 위해서라도 학교는 가고 싶은 곳이어야 한다. 학교에서 보는 것, 듣는 것, 느끼는 것 모두가 배움이 되기 때문이다.

제2장
학교를 떠나려는 이유들

부모님의 강요에 반발하고 싶다

'어린 시절이 좋았다. 그때로 돌아가고 싶다.'

이 제목은 고등학교 융합 글쓰기 대회에서 시 부문에 입상한 학생의 작품이다. 시, 서화, 예쁜 글씨 등 다양한 부문의 심사 과정을 거쳐 '아버지의 긴 의자', '배추 나비' 등의 작품이 상을 받았다. 어린 시절에 대한 향수가 드러나는 내용이 공통적이었다. 열일곱 살 된 아이들에게 어떤 그리움이 있기에 그때로 돌아가고 싶게 만들었을까?

어머니는 도현이를 끔찍이도 위했다. 시키는 대로 잘 따라 하는 아들이 자랑스러웠다. 유치원 때부터 영재 소리를 들으며 자랐고 중학교까지만 해도 쭉 그렇게 될 것으로 믿었다. 서로에게 갈등이 좀 있었어도 그때까지는 그럭저럭 괜찮았다.

도현이가 고등학교에 진학한 후 이제는 대학을 가려면 더 분발해야 한다며 공부에 대한 채근의 강도를 높였다. 그러나 도현이 마음속엔 자율적으로 하고 싶은 생각이 자라고 있다는 사실을 알지 못했다. 부모는 일류 대학에 가길 바라는 마음에서 더 밀어붙인 건데 학업중단의 결과를 초래하는 화근이 될 줄 모르고 있었다. 꾸짖음이 잦아질수록 도현이는 부모의 사랑이 자신을 향한것이 아니라 성적이나 능력을 향해 있다고 생각하게 되었다. 자신이 사람인지 성적을 잘 받아 오는 로봇인지 혼란스러워하며 부모의 요구를 거부하기 시작했다.

도현이는 더는 구속받고 싶지 않았다. 공부는 곧잘 하지만 어머니와의 관계는 심상치 않았다. 공부 압박이 심해지자 마침내 감정이 폭발했다.

처음엔 학원에 가질 않았다. 성적은 점차 하락하고, 같은 반의 아이들과 관계는 점점 더 나빠져 갔다. 그리고 학교에 가지 않는 날이 많아졌다. 부모님은 뒤늦게 아이의 마음을 잡아 주려고 애를 쓰면서 원하는 대로 해 주겠다고 약속했다. 하지만 그다지 달라지지 않았다. 어른의 입장에서는 지금까지 해 오던 행동이 아이를 잘 양육하고 공부 잘 시키는 방법이었다는 생각을 바꾸기가 쉽지 않다. 부모가 잘해서 아이가 우등생이 되었다고 굳게 믿었는데 그동안의 고생이 오히려 잘못된 것으로 손가락질을 받게 되었으니 쉽게 인정할 수 없었을 것이다.

도현이는 어딘가에 마음을 두기 위해 타인에게 집착하며 좋게 보이려고 자신의 진짜 감정을 숨기기도 했다. 그러다 보니 학교에 나오는 것도 친구들을 만나는 것도 모두 자기를 억압하는 스트레스가 되었다. 스트레스 상황이 반복되고 기대가 무너지자 아이는 그만 학교에 다니는 일을 포기하고 말았다. 모든 게 공포로 다가온 순간 숨을 쉴 수가 없었다. 낯빛은 창백해지고 심장 뛰는 소리가 귀에 들릴 정도였다. 그 후로 더는 학교에 다니질 못했다고 했다. 마음의 안정감을 잃어버리고 자신도 잃어버리고 친구도 잃어버린 채 미련 없이 학교를 떠났다.

공부를 그만둔 것이 아니라고 했던 도현이의 말이 내게는 시간이 지나면 다시 회복할 수 있을 것이라는 희망의 말처럼 들렸다. 부모와 갈등으로 학업중단을 결정했지만, 나중에라도 검정고시를 보고 대학에도 갈 것 같다는 생각이 들었다.

아이의 개인 문제와 양육의 관련성은 매우 높다. 대체로 부모들은 자녀가 잘되기를 바란다는 이유로 많은 것을 요구하고 따르기를 강요한다. 지나온 경험에서 청소년기를 어떻게 하면 잘 보낼 수 있는지를 안다고 생각하기 때문이다. 사실 경험은 각자의 것이다. 아무도 같은 인생을 살지 않을 뿐만 아니라 몹시 사랑하는 자녀일지라도 부모가 그들의 삶을 대신 살아 주지 못한다. 자녀를 독립된 인격체가 아닌 소유물로 보는 생각이 밑바탕에 깔린 것은 아닐까?

부모는 아이가 당장은 힘들어해도 조금만 더 밀어붙이면 잘될 거라고 확신한다. 대학을 위해 잠깐만 집중적으로 공부에 노력을 들이면 인생이 탄탄대로일 거라고 믿으며 그들의 방식을 밀어붙인다. 그러나 부모의 예상과 달리 아이는 그사이 마음의 문을 닫는 중일지도 모른다. 심지어 말을 해도 들어 주지 않으면 다시는 말을 할 필요를 느끼지 않는다. '어차피 안 들어 줄 텐데 말해서 뭐 해?'라는 생각으로 미리 포기해 버리고 자신을 가치 없이 대하기도 한다.

자녀에게 사사건건 간섭하는 부모를 빗대어 '헬리콥터 부모'라고 한다. 요즘에는 '드론 부모'라는 말까지 등장했다. 자녀를 도우려는 선의에서 비롯되었다고는 하지만 지나치고 비뚤어진 간섭은 아이가 자아를 형성하고, 자신을 알아가는 소중한 기회마저 빼앗아 버린다. 결국, 헬리콥터 부모는 '의도하지 않은' 상황을 불러온다. 아이들이 부모를 만족하게 하지도, 사랑을 받지도 못하는 존재가 된 자기를 하찮게 생각하는 것은 당연한 결과다. 부모에게 반항하는 의미로 자기 파괴적 행위를 하는 아이들도 있다. 자기 자신을 자기 것이 아닌 부모의 것으로 생각하면 자신을 파괴하는 것이 부모를 벌주는 행위가 되기에 충분하기 때문이다.

주희의 부모는 자녀의 지적 수준이 높다고 생각했다. 어휘력이 풍부하고 가치관이 남달라 또래 아이들 사이에서도 앞설 거라 기대했다. 실제로 주희는 학급 회의 때나 토론 대회에 나가서도 아이들이 감탄할 정도로 인정받았다. 심지어 수업 시간에 질문할 때도 다른 아이들이 쓰지 않는 고급스러운 단어를 사용했었다. 아이들 반응에 걸맞게 자신도 매우 이성적이라고 믿었다.

그러다가 어느 순간 주희는 스스로 또래들과 수준이 맞지 않는다고 생각하게 되었다. 공부하지 않는 애들을 이해하지 못했다. 자신은 전국 단위의 보이지 않는 경쟁 상대들을 생각하며 뒤처지지 않으려고 했다. 힘들어도 공부해서 대학에 들어가면 여유로울 수 있을 것이라 희망하며 참았다. 하지만 성적은 생각처럼 잘 나오지 않았다. 공부를 방해하는 아이들로부터 스트레스를 받는다는 생각에 이르렀다. 짜증이 났고 벗어나고 싶었다.

사실 주희는 부모님에게 열 받아 있었다. 공부에 내한 압박이 견디기 힘들었다. 부모의 요구에 따라 공부를 해 왔는데 실은 벅찼다. 자기 수준이 부모 생각만큼 그렇게 높지 않아서 요구하는 성과를 충족시키지 못한다는 것을 알고 있었던 까닭에 공부가 싫었고 의욕도 떨어졌다고 했다. 마음대로 하겠다는 고집을 부려서 학교를 그만두기 직전까지 가는 위기도 겪었다.

 사례의 두 아이는 성적은 비슷해도 성향이 너무 다르다. 한 아이는 조용히 듣는 편이고 다른 아이는 거세게 표현하는 쪽이다. 강도 높은 공부 스트레스를 잘 참는 아이가 있는가 하면 심하게 반항하는 아이도 있다. 누구는 완곡하게, 또 누군가는 온몸으로, 표현은 달라도 싫어하는 크기는 다르지 않다는 것을 오래 함께 산 사람이라면 감을 잡을 수 있다. 말 없는 아이는 순순히 따라하는 것으로 여기고 압력을 가해도 된다고 흔히 생각한다. 하지만 그러다 한순간에 돌이킬 수 없는 상황이 될 수도 있다. 표현하는 아이의 경우 그나마 저항의 정도를 가늠하기 쉽다. 따라서 높은 위험을 감지하고 좀 더 일찍 멈추게 하는 힘이 있다. 아이의 성향을 알고 탄력적으로 조율해 가는 부모의 지혜가 필요한 부분이다. 아이가 사춘기 즈음으로 성장하면 부모가 희망하는 것보다 아이가 인생에서 하고 싶은 무언가를 파악하고 그것을 할 수 있도록 허용하는 것이 현명한 태도다. 실제로 자녀를 키우면서 그렇게 하도록 돕는 일이 부모의 역할이라는 것을 깨달았다.

부모는 때가 되면 자녀에게 결정권을 넘겨주고 책임지는 삶을 배울 기회를 제공해야 한다. 부모님께 반발하게 된 이유를 짐작하게 하는 사례를 통해 다음의 세 가지 사항에 주의하길 권하고 싶다.

하나, 아이의 성향을 알고 조절하기

둘, 부모가 억압을 멈출 때를 알아차리기

셋, 스스로 결정하고 선택할 자율권을 준 뒤 아이가 요구할 때 도움 주기

부모의 권위로 세게만 밀어붙인다면 아이들은 반발하기 마련이다. 부모에 대한 저항은 공부를 잘하는 아이들에게서도 심심찮게 일어난다. 아이가 조금만 더 하면 잘될 것이라 기대하기 때문이다. 그래서 부모는 아이들의 말을 듣기보다 자신들의 뜻대로 강제하곤 한다. 그것이 잘못이라는 사실을 모른 채 오로지 자녀가 더 잘되길 바라는 마음이 앞서서 문제다. 방법이 마냥 나쁜 건 아니지만 그 대가가 너무 크다.

결핍이나 과잉은 내적인 욕구의 불균형을 초래한다. 새로운 욕구가 발생하면 균형 상태로 다시 돌아가려고 하는 경향성을 보이

며 부족함과 과함을 조절해 나간다. 자율과 관심, 능력 같은 자원은 아이들이 세운 목표를 계속 유지해 나갈 수 있게 하는 힘이다. 또한, 지지하고 믿어주는 사람의 존재는 자신의 부족한 부분을 상쇄하는 밑거름으로 작용한다. 그러므로 내적 균형감을 갖고 스스로 지탱하며 건강한 청소년기를 보낼 수 있게 돕는 것은 어른이 해야 할 중요한 과제다. 아이들에게는 과잉 뒷바라지하는 헬리콥터 부모 대신 어려움을 극복하고 좋은 결과를 만들어 낼 수 있도록 돕는 여유로운 동반자가 필요하다.

우리는 자녀를 얼마나 알고 있는가?

이 글을 쓰면서 나는 어떤 부모인가를 생각해 보게 되었다. 부모와 자녀 간의 대화나 행동에서 진솔한 마음을 받아 준 자녀들 덕분에 다행히도 잘 지내고 있지만, 한때는 길거리에서 봄 직한, 아이와 힘겨루기 하는 엄마였던 것 같아 민망하기도 하다. 예전엔 아이의 행동에 화가 났던 적도 많았다. 지금 생각해도 나 자신의 화를 다스리지 못하고 아이를 혼냈던 부끄러운 기억이다. 할 수만 있다면 그때로 돌아가서 어리석은 실수를 수정하고 싶다. 그건 분명 반성해야 할 잘못된 행동이다. 이제라도 그릇됨을 인정하고 아이에게 사과해야겠다고 생각했다. 이후 나는 아이에게

"엄마가 너에게 화가 났고 그 때문에 너를 혼냈는데, 그건 옳지 못한 행동이었다."라며 진심으로 미안하다고 말했다. 마음속으로도 조심하리라 다짐했다.

엄마란 역할도 처음 해 보는 일이라 시행착오를 겪게 마련이다. 하물며 아이들은 오죽할까? 아이도 나처럼 처음인 일들을 겪어 내며 성장하는 중이다. 사람은 자라면서 느껴지는 통증인 성장통이 있다. 그것은 특별한 치료 없이도 괜찮아진다지만, 부모가 나서서 통증을 더해 줄 필요는 없다. 성장통이 흉터가 되지 않도록 조건 없는 사랑을 주어야 한다. 그러므로 다시 어린 시절로 돌아가 그때의 사랑을 추억하지 않아도 되게끔 지금이 바로 그 사랑을 소환해야 할 때다.

배움이 없는 학교에서 벗어나고 싶다

나는 아들이 초등학교에 들어가면서 학교에 많이 불려 다녔다. 학교에서 기대한 대로 하지 않은 까닭이었다. 쉼표나 따옴표 하나를 빠뜨리거나 띄어쓰기를 못 해도 점수를 깎는 바람에 받아쓰기 시험 점수가 갈수록 낮아졌다. 공부를 열심히 할 때조차도 성적은 잘 오르지 않았다. 칠십 점이라도 받아 오는 날에는 경사가 났다. 백 점을 맞은 날의 기쁨은 잊히지 않을 정도다. 그만큼 받아쓰기 시험은 나도, 아들에게도 스트레스였다.

어려서부터 병치레가 잦았던 아들은 여러 번 입원하고 수술을 하느라 병원에서 지내는 날이 많았다. 그 당시에는 공부보다 건강이 우선인 까닭에 자신의 이름을 쓸 정도만 글을 익혀도 괜찮을 것으로 생각했다. 학교에서 배울 것까지 미리 선행할 필요가 없었기 때문이다. 그러나 현실은 달랐다. 학교 수업에서는 한글의 기초 다지기를 간단히만 하고 곧바로 글쓰기로 들어갔다. 단어를 모르던 아들은 알림장을 받아쓰지 못했고, 준비물이 없는 줄 알았던 나는 그것을 챙겨 주지 못했다. 몇 번 반복되면서 수업 준비물을 챙겨 가지 않는 불량한 아이로 일찌감치 낙인이 찍히게 되었다. 줄곧 교실 뒤쪽에 나가 서 있는 벌을 받았고 남는 자리에 혼자 앉게 함으로써 친구들과 어울릴 기회도 박탈당했다. 또래 아이들은 그저 교사의 행동을 따라 하며 아들을 무시했다. 학령기 인생의 출발에서부터 공부 못하는 아이로 찍힌 심리적 기저에는 수치심이 먼저 자리를 잡았다.

상급 학교로 진학해서도 진도를 따라가기 힘들었다. 자신이 할 수 있는 게 없다는 생각은 공부 시간에 잠을 자거나 모둠 활동에서 스스로 떨어져 나오는 행동으로 나타났다. 학교에서는 누구도 이런 행동에 가려진 근본적 원인을 알려고 하지 않는다. 훈계하거나 혼내고 부모를 호출해서 아이의 문제를 확인시키는 것이 대부분이었다. 공부하려는 마음이 있어도 수업 시간에 내용을 알아듣지 못해서 공부가 되지 않는 것이 문제였다.

아이들에게 수업 시간은 공부하는 시간이다. 그러니 학교가 공부만 하는 곳으로 여겨지기 쉽다. 공부를 못하면 학교 가는 것 자체가 힘들어진다. 학교를 공부만 하는 곳으로 생각하는 것은 아이들만의 탓이 아니라 다양성을 제공하지 못한 학교에도 원인이 있다.

　학령기는 자신에게 유익한 어떤 것을 발견하는 시기이다. 무언가를 가르치기 전에 교사와 아이들의 상호 작용은 매우 중요하다. 흥미로운 수업 경험은 호기심을 자극시켜 더 많은 것을 알고 싶도록 동기를 부여한다. 하지만 공부의 즐거움을 알아가게 하지 않는 학교라면, 다양한 학습과 배움이 어우러진 수업이 아니라면, 그래서 아이들의 시간을 낭비하는 곳이라 생각하게 한다면 아이들은 중요한 삶의 가치를 모른 상태로 살아가기 쉽다. 그런 의미에서 교사의 신념은 개인적 판단을 넘어 공익에 영향을 미친다.

　아이가 학교에 입학할 때면 부모들이 더 긴장하곤 한다. 학교에 적응하지 못하면 어떡하나 걱정이 앞서기 때문이다. 학교에서 필요한 도구들을 꼼꼼히 챙겨 주는 것도 적응해서 공부를 잘해 주길 바라는 마음에서다. 부모가 제일 중요하게 생각하는 것은 '선생님'이다. 특히 아이가 소속된 반에 되도록 좋은 선생님이 오길 바란다. 선생님을 잘 만난다는 것은 그 해를 잘 보낼 수 있으면 좋겠다는 기대를 충족시킬 만큼 마음 놓이는 일이다. 부모들이 생각하는 '좋다'는 의미는 서로 다를지도 모른다. 아이와 같은 성별인 교사가 좋은 선생님일 수도 있고, 에너지가 많은 사람일 수도 있다. 또 누군가에게는 선한 사람이 좋은 선생님이 될 수도 있겠지만 무엇보다 아이를 진심으로 사랑하는 선생님이 담임교사면 좋겠다는 바람만큼은 공통적이다. 가르침의 기저에 사랑이 깔려야 한다는 것을 무의식중에 아는 것이다. 그런 선생님이라면 자신의 아이를 믿고 맡길 수 있다고 생각한다.

고등학교 3학년인 우진이는 웹툰 작가가 되는 것이 꿈이다. 대학에서 전공하면 더 좋겠지만 굳이 대학을 가지 않아도 작가를 할 수 있다고 생각했다. 우진이에게 대학은 가도 그만 안 가도 그만인 곳이었다. 학교에서 지내는 모든 시간 동안 책이나 공책에 만화를 그렸다. 시간표에 배정된 과목마다 수업을 진행했지만, 우진이는 그와는 관계없이 그림 그리는 시간만 있는 것처럼 지낸 것이다. 수학능력 시험을 보지 않을 생각이라 학교에서의 공부가 도움이 되지 않았고, 그렇다고 수업 시간에 다른 것을 할 수 있게 허락하는 것도 아니어서 매일 같이 학교에 머무르는 시간만큼 허비하는 것이 아깝다고 했다.

실제로 수학능력 시험이 필요한 학생은 정시 진학을 목적하거나 대학에서 수능 시험 과목 점수의 최저점이 있는 전형에 지원하는 아이들이다. 수능 성적이 필요한 학생은 소수에 불과한데 학교에서는 문제 풀이 중심의 교육에 몰두했다.

그래도 우진이가 학교를 나오는 이유는 졸업장 때문이었다. 어쩔 수 없이 정해진 대로 해야 하는 현실, 그것이 우리나라 고등학교 교육의 현주소이다. 처음에는 학교를 졸업하는 것이 낫겠다고 생각하며 지냈으나 우진이는 틀에 박힌 학교를 버티지 못하고 결국 3학년 중반에 학교를 떠났다.

학습은 성적을 올리는 것이 주된 목적이다. 눈에 보이는 숫자의 상승 여부가 기준이 된다. 공부는 많이 했는지, 등급이 올랐는지, 무슨 과목이 점수가 높은지 등이 중요하다. 지난해 우리나라의 평균 대학 진학률은 70.4%다. 많은 아이가 대학을 진학하는 가운데 고등학교를 졸업하고 대학엘 가지 않을 아이들은 30%나 된다. 엄밀히 말하면 입시 위주의 교육 환경은 70%의 아이들에게만 유의미하고 나머지 30%의 아이들을 위한 교육은 소외되어 있다고 해도 과언이 아니다. 게다가 70%의 아이들이 모두 정시를 준비하는 것도 아니다. 오히려 극소수만 해당할 뿐 대부분은 수시로 대학에 가는 상황이다. 게다가 지방대학은 정원 미달 사태가 가속화되고 있어 몇 개의 대학을 제외하고는 대학 입학이 쉬워진다. 그러므로 학교에서는 학습 이외에 또 다른 배움이 있어야 한다. 하지만 그러한 배움은 잘 보이지 않는다. 배움은 사람을 키우며 인격을 기르고 생명을 소중하게 만드는 힘이다. 타인에게 함부로 하지 않으며, 함께 살아가는 법을 깨닫게 한다. 자기 마음을 다스리고 스스로 치유하도록 자기를 연마하는 것이 배움이다. 우리 교육이 학교에서 배움을 통해 삶의 가치를 얻게 하고 있는가?

학교는 여전히 수능 위주의 교육이 중심이다. 아이는 배움이 없는 학교에서 벗어나고 싶다. 하지만 부모는 자녀가 학교에 있길 바란다. 그곳에 머무는 것만으로 이롭다는 믿음이 남아 있기 때문이다. 진정한 학교엔 개인의 차원을 넘어 공동체가 존재한다. 배움은 여러 사람이 모였을 때 서로의 차이를 인정하고 상대방의 이야기에 귀 기울이는 과정에서 일어난다. 또한, 수업 시간뿐 아니라 타인과 소통하는 경험을 통해서도 이루어진다. 학교는 학생들의 삶의 공간으로서 배움이 일어나기에 충분한 장소다. 다행히 몇몇 학교는 아이들이 서로 배우며 자라는 장소로 변모하려고 노력한다. 성장하는 학교로 변화하려는 공동체의 움직임은 반가운 일이다.

학생, 교사, 부모들은 학교가 성적을 위한 노력과 성장을 위한 배움으로 이끄는 일 두 가지 모두 잘해주길 바라고 있다. 학습과 배움이 일어나는 학교에서 아이들이 더 나은 상태로 나아갈 때 아이도 부모도 교사마저도 신뢰를 높이며 학교의 가치를 찾아내게 될 것이다.

선생님의 열정이 부담된다

교육 공무원 관련 학과의 입학 경쟁률은 최고 수준이다. 게다가 매년 다툼은 더 치열해져서 웬만한 정도로는 명함도 못 내민다. 그만큼 선생님이 되려는 사람들이 많다. 학교가 좋은 직장이라는 의미다. 전처럼 스승으로 대우받지 못하고, 교권이 떨어져 선생 노릇 하기 힘들다고 못마땅해하면서도 말이다. 학생 중에도 1순위 진로가 교사인 경우가 많다. 대부분 공부를 잘하는 아이들이 꾸는 꿈이다. 우리나라의 뛰어난 교육 인재들이 교사가 되고 있다. 우수한 성적으로 교사가 되었지만, 학생들에게 늘 좋은 것은 아니다. 선생님의 열정에 힘든 아이들도 있다.

정우는 수행 평가 과제 준비를 힘들어했다. 과목마다 치러지는 수행 평가가 시험보다 벅차게 느껴졌다. 처음 만났을 때 정우는 말을 잘 하지 않았다. 말을 먼저 거는 일이 없어 친구들이 다가와 주는 것이 고마울 정도였다. 쑥스러움이 많은 성격이라 친하게 지내기 전까지는 마음을 잘 드러내지 않았다. 그만큼 정우는 자기주장이 적고 다른 사람에게 맞추려는 경향이 높은 것으로 보였다.

2학년인 정우는 수시보다는 정시를 생각하고 있었다. 수행 평가를 열심히 하지 않아서 내신이 떨어진 것이 고민이었기 때문이다. 담임교사는 정시가 힘들다고 말했지만 친한 선배는 반대로 정시가 낫다고 해서 혼란스러웠다. 남의 말을 잘 듣는 편이라 더욱 고민이 컸다. 문제는 내신 성적이었다. 내신 성적이 낮다고 여기는 까닭에 수시로 대학에 들어가는 것이 어려워 보인 것이다.

한번은 수업 시간에 선생님께 혼이 나는 일이 있었다고 한다. 잠시 친구와 귓속말로 대화를 한 사소한 행동이었는데 크게 야단을 맞았다. 다른 반 애들에게 들릴 정도로 큰소리로 꾸중을 들어서 무척 창피했다고 했다. 또 다른 수업 시간엔 반 애들이 대답을 안 하거나 집중하지 않자 선생님이 한숨을 쉬며 "공부 좀 해라, 공부해서 남 주냐, 이거 어제도 한 거잖아, 모르면 어떻게 하니." 그 말이 자신에게 향하는 소리로 들렸다고 했다.

꾸짖기만 하는 것이 아니라 격려해 주는 선생님도 많았으나 이것도 결국 반복되는 잔소리같이 들려 스트레스를 받았다. 혼나거나 격려를 받아도 정우의 성적은 나아지지 않고 오히려 공부에 대한 자신감이 점점 줄어드는 결과로 나타났다. 성적이 오를 때도 있지만, 못할 때가 더 많았다. 성적이 올라 칭찬을 들을 때면 공부를 잘해야 한다는 부담감이 생겼다. 전에는 수시로 갈까, 정시로 갈까 망설였는데 이제는 마음이 한쪽으로 굳어졌다고 한다. 그 이후로 수시는 자신과 상관없다는 생각에 수업 시간에 충실하지 않았다. 차라리 학교를 그만두고 정시를 공부하는 게 낫지 않을까? 하고 생각하면서 고민이 더 깊어졌다고 했다.

칭찬이나 지적의 말이 다 도움이 되는 것이 아니라 오히려 스트레스가 되는 경우가 있다. 좋은 말도 좋게 받아들이지 않고 부담스러워하기 때문이다. 칭찬이 스트레스가 된다는 의미다. 바로 '칭찬의 역효과'다. 얼마 전 EBS 다큐멘터리 '학교란 무엇인가'에서 두 그룹으로 나눈 아이들을 대상으로 기억력을 테스트하는 실험이 있었다. '똑똑하다, 머리 좋다' 같은 칭찬을 받은 그룹의 70% 아이들이 기대만큼 좋은 성적을 내지 못할까 봐 걱정한 것으로 나타났다. 칭찬이 아이들에게 압박이 될 수 있다는 사실이다.

정우의 경우도, 자기에 대한 열등감으로 자신은 그렇게 잘하지 못하는데 그 선배들이 해낸 것처럼 대학에 진학하지 못하면 어떡하지? 하는 생각을 한 것이다. 이런 아이들은 타인에게 실망을 줄 상황을 피하려는 성향이 강하다. 지금까지 노력하지 않아서 내신 성적이 낮은 것이 아니라는 사실을 잘 알고 있다. 아이들은 나름으로 노력을 해 왔기 때문이다. 다만 선생님 말씀처럼 잘해야 하는데 그러지 못한 것이 마음에 짐으로 남아 피하고 싶은 것이다. 칭찬에 대한 부담은 본인의 능력을 더 발현하지 못하고, 스스로 수준을 낮추며, 부모에게 실망감을 주지 않기 위해 옳지 않은 행위조차 마다하지 않는 것으로 나타나기도 한다.

교사들은 학교에서 '잘했다', '훌륭해', '멋지다'와 같은 말을 자주 쓴다. 용기와 기운을 북돋우려고 하는 칭찬의 말이라는 것은 알지만 사실은 결과에 대한 평가다. 긍정적이란 면에서 지적과 다르다고 하나 결과적으로 평가자의 위치에서 아이들을 바라보는 것은 동일하다. 그러므로 교사가 '나' 메시지를 사용하여 의견을 구체적으로 말하는 것이 필요하다. '나' 메시지는 의사소통할 때 '나'를 주어로 표현함으로써 상대방이 마음을 정직하게 열 수 있게 용기를 주는 방법이다. 아이는 이를 통해 교사가 어떤 것 때문에 자신을 칭찬하는지 수긍할 수 있게 된다.

업무로 가끔 대화를 나누는, 얼마 전 전근 오신 선생님과 우연한 기회에 선생님의 자전적 이야기를 듣게 되었다. 그가 학교에 다닐 당시는 중학교에 들어가서야 ABC를 배웠는데, 자신은 영어를 공부한 지 6개월 뒤에 눈이 떠졌다고 했다. 그리고 한참 후 번역본을 읽고 나서 원서를 읽었을 때 저절로 영어가 이해되는 기분, 그 성취감은 이루 말할 수 없었다고 회상했다.

그런 경험이 있다 보니 아이들에게 영어 공부를 적극적으로 권유했었다고 한다. 영어 공부가 가능하다고 설득하며 자신의 경험담과 함께 격려와 칭찬을 아끼지 않았었다. 선생님의 열정을 받아들인 아이가 3등급에서 1등급으로 성적이 오르는 걸 보며 보람도 느꼈지만 최근, 그러니까 한 10년 전쯤부터는 이런 말이 효과적이지 않다고 했다. 이제는 눈을 반짝이며 듣는 아이가 없고 정시 비중이 줄어 수능시험이 중요하지 않게 되어서 아무리 말해도 잔소리로만 듣는 분위기라고 말이다. 교사에게 최선인 대안이 항상 학생의 최선인 건 아니므로 강요하면 안 되고 이제는 교사도 자신의 경험만을 주장할 게 아니라 아이들의 특성을 이해하고 스스로 변화해야 한다고 말했다.

무언가를 성취해 본 사람은 하면 할수록 열정이 생긴다는 것을 안다. 현직 교사는 이미 높은 경쟁률을 뚫고 교직에 안착한 사람들이다. 경험 밖의 일이라 어쩌면 공부를 못하는 아이들에 대한 이해도가 낮은 것은 당연할지도 모르겠다. 그래서일까 아이들이 알아들을 수 있는 한계를 넘어 많은 것을 주입하려는 열정이 넘칠 때도 있다. 변화하지 않는 아이와 힘겨루기로 승부를 내려고 압박하기도 한다. 자신의 성공 경험에 기준을 두고 있기에 아이들도 그럴 수 있을 것으로 굳게 믿기 때문이다. 선생님들에게는 요구되는 사회적 책임이 있다. 배움이 일어나게 이끌어 주는 것과 동시에 좋은 결과를 내야 한다는 책임감이다. 성실하고 목적의식이 강한 선생님들은 이것을 해내려고 노력하다 번아웃이 되기도 한다.

어떤 아이들은 아무리 좋은 말을 해도 선생님의 열정이 부담스럽기만 하다. 아이가 소화해 낼 수 있는 범위가 아니면 그 좋은 말조차 소귀에 경 읽기가 될 수 있다. 그 이유를 비고츠키(Lev Semenovich Vygotsky, 1896~1934)의 근접 발달 영역에서 찾아볼 수 있다. 근접 발달 영역(ZPD; Zone of Proximal Development)은 아이의 실제 발달 수준과 유능한 타인의 도움(비계 설정)을 받으면 달성할 수 있는 잠재적 발달 수준 사이에 존재하는 영역이다. 만일 교사가 학생의 잠재적 발달 수준 이상으로 도움을 주었다면 이해하지 못할 수밖에 없다. 모든 사람은 다양한 환경에서 살아

왔기 때문에 각자 생각하는 과정을 거쳐 결론에 도달하게 된다. 그들이 지나온 과정은 다른 누구의 삶과 마찬가지로 가치가 있고 누군가가 도와줄 때 비로소 깨달을 수 있는 범위 또한 다르다. 조력에도 효과적인 단계가 있다. 너무 많이 주면 이해하지 못하는 잔소리가 되고 너무 적으면 무관심하게 보인다.

파울로 프레이리(Paulo Freire, 1921~1997)는 저서 《우리가 가면 길이 됩니다》에서 교육자는 훌륭한 상담가가 되어야 한다고 언급했다. 따뜻한 마음으로 아이들의 힘든 점도 헤아릴 수 있어야 한다. 부담 없는 열정은 아이들 스스로 괜찮은 사람이라는 생각이 들게 한다. 봄에 피는 꽃이 있듯이 여름에 피는 꽃도 있다. 모두 자연스러운 일이다. 그러므로 개개인의 특성에 맞춰 아이들이 수용 가능한 범위에서 돕는 것이 올바른 관심이고 지혜로운 사랑이다.

교사가 되는 것은 교육철학이 요구되는 일이다. 좋은 직업이라는 이유만으로 선택하는 것은 바람직한 생각이 아니다. 교사는 학교에서 영향을 미치는 요소 중에 으뜸이기 때문이다. 아이들이 존경할 만한 교사를 만나는 것은 행운 중의 행운이라 해도 과언이 아니다. 특히 아이의 마음을 헤아리고 긍정적인 피드백을 주는 그런 선생님은 인생의 축복이다. 그만큼 선생님이라는 이름이 크고 무겁다.

친구들을 보면 나만 못난 사람 같다

남이 잘한다는 생각이 들면, 사람 대부분은 부러움을 느낀다. 자신만 못하는 것 같아 위축되고 불편하기도 하다. 괜히 별것 아닌 일에 짜증이 나고 집중이 안 된다. 상대가 잘나가는 것이 부럽지만, 그렇게 되지 못한 자신은 실패한 것처럼 느껴져서 기분이 상한다. 누구나 그렇듯 상대에게도 잘하는 게 있고 못 하는 것이 있겠지, 생각하면서도 당장 인정하기 싫은 게 사람이다.

학교는 시험이란 속성에 따라 순위를 매기고 서열화해서 아이들을 경쟁의 장으로 몰아넣는다. 상호 간의 겨룸이 필요한 것이지만, 경쟁에서 밀리는 것을 실패로만 여기는 것이 문제가 되기도 한다. 실패가 당연히 있을 수 있는 것임에도 패배라는 생각에 사로잡히면 자신은 괴롭다. 아무리 잘해도 등급이 있는 사회에선

일등이 있으면 꼴찌가 있게 마련이다. 자부심이 떨어지면 이런 생각에 더욱 몰두하기 쉽다.

고등학교 1학년 창의융합반 유찬이는 수학 수업을 거부했다. 다른 수업은 아무 문제가 없었지만 유독 수학 시간에 실시하는 모둠 활동만큼은 자퇴를 생각할 정도로 싫어했다. 수학 교사는 생각지도 않게 학교를 그만두려는 원인으로 지목되는 바람에 매우 난처했다. 수학 시간은 모둠으로 이루어진 활동을 많이 한다. 모둠의 구성원들이 서로의 아이디어를 모아 문제를 해결하는 방식이라서 팀 내에서도 개별적인 능력이 발휘될 때 활동의 결과 또한 좋았다.

창의융합반은 학교에서 인재 육성 목표에 중점을 두고 운영되는 반이다. 입학생 중에서 관심과 적성이 있는 학생이 모집 대상이다. 신청자가 정해진 인원을 초과하면 창의융합반으로서 수행해야 할 수준을 요구하는 자기소개 및 소정의 선발 과정을 거친다. 여러 방면의 창의적 감각을 키우는 체험 학습과 아카데미 운영 등으로 진로와 연계되도록 운용하고 있어 관심 있는 아이들이 많다. 유찬이는 그런 창의융합반에 들어가고 싶었다. 자신도 그 반의 일원이 되고 싶은 마음이 컸다. 초창기에는 자발적 지원을 우선하다 보니 잘하는 아이는 너무 잘하고, 그렇지 않은 아이들은 수업을 따라가기 어려운 정도로 차이가 났다. 반 아이들의 성적은 최상위권 소수와 중상위권 다수로 구분되었다. 유찬이는 중하위권 소수에 속해 있었다.

유찬이는 다른 아이보다 공부 스트레스를 많이 받는 성향이었지만, 고등학교 입학 당시 마음을 다잡고 공부를 해 보겠다는 의지만큼은 충만했다. 공부를 무척 힘들어하면서도 하고자 하는 의욕 하나로 창의융합반에 지원했으나 다른 사람이 하는 만큼 잘하고 싶었던 마음과 달리 그러지 못했다. 공부하지 않아서 불안해하고 능력이 되지 않는 자신에게 실망하며 스트레스에 시달렸다. 수행 평가에서도 조원들에게 도움이 되지 않는다고 자책했다. 이바지하기는커녕 자신이 맡은 소임을 다하지 못한다는 생각과 실제로 팀 점수를 깎아내린 일로 인해 자존심이 상했다. 친구들에게 폐를 끼치는 것 같다며 자신을 조에서 제외해 달라고 떼를 썼고, 그게 안 되면 모둠 수업 방식을 바꿔 주기를 요청하기에 이르렀다.

잘하는 친구들을 보면 상대적으로 기가 죽기도 한다. 자신의 능력이 남보다 못해서 기여할 수 없을 때 차라리 제외됨으로써 고통에서 벗어나고 싶은 마음을 가질 수 있다. 열등감에 빠져서 사소한 일에도 잘하는 아이들과 비교하면 부러움은 더 커진다. 누가 뭐라고 하지 않았는데도 피해 의식에 사로잡혀 스스로가 괴롭다. 공부를 잘하고 싶은 마음, 다른 사람이 하는 것을 보면 따라 하지 않고 못 배기는 성향, 내로라하는 성과를 내고 싶은 마음은 자신이 갖지 못한 것에 대한 부러움과 경쟁 심리에서 비롯된다. 적절한 스트레스는 동기를 최대로 이끌어내는 데 효과적이지만 그것이 과하면 문제가 된다. 모둠으로 진행하는 수업은 선행 활동이 필요한 거꾸로 방식이나 수행 과제에 요구되는 정보를 미리 찾아보는 과정이 필요한데 이러한 활동이 수반되지 않은 상태에서 과도하게 다툼을 부추기고 줄을 세우게 된다면 협동하기보다 조원들 사이에서도 경합에 매몰되기 쉬운 게 사실이다. 그래서 이러한 방식을 사용하지 않는 추세지만 수학을 어려워하는 것은 지금도 여전하다.

예전과 비교하면 수학은 교과서가 바뀌면서 내용도 많이 줄었다. 전공할 것이 아니라면 어려운 수학을 굳이 깊이 있게 배워야 할 이유가 있는지에 대해 의문을 가진 사람은 많을 것이다. 나도 학창 시절에 수학 때문에 고생했던 기억이 있다. 사칙 연산이나 분수 정도의 일상생활에서 필요한 계산이 가능한 수준이면 되지 않겠느냐고 우스개 삼아 말했다.

현재 학교에서는 단위 수를 줄여 수학을 가르친다. 문과반에서는 수학 계열에서 기하, 미분 적분, 확률과 통계 중 한 가지만 선택해도 되게끔 완화했다. 천천히 배우고 쉬운 과정부터 어려움 없이 이어지게 하겠다는 취지다. 그런데도 학생들은 여전히 수학을 힘들게 생각한다. 수학을 포기한 아이(수포자)는 지난해 고등학생 10명 중 6명(59.7%) 정도다.

세간에는 수학을 잘하는 사람이 머리가 좋다거나 논리적이라고 믿는 경향이 있다. 우리가 알고 있는 몇몇 천재들은 실제로 그렇다. 하지만 학교 현실은 이것과 조금 다른 듯하다. 우리의 평가는 수학 문제를 짧은 시간 동안 정확하게 많이 푸는 것을 기준으로 이루어진다. 고등학교 수학은 사고가 남다른 아이들보다 기계적으로 잘 풀이하는 아이들이 유리할 수밖에 없는 구조다. 예전과 비교하면 많이 바뀌었다고는 하지만 결과적으로 등급으로 평가되기 때문에 아이들은 별로 달라지지 않았다고 느낀다.

그러니 지금도 충분히 힘들 수 있다. 시간을 두고 풀어내거나 성취감을 가질 겨를도 없이 문제 풀이에 집중하는 이런 수학이 힘든 것은 당연하다. 공부를 못하기 때문에 유달리 혼자만 힘든 게 아닌데 그걸 모르는 아이들은 수학이 안 된다고 스트레스를 받는다. 수학이 중요 과목으로 꼽히다 보니 다른 과목에 비해 의미가 크게 느껴지기 때문이다.

수학을 잘하는 친구들을 보면 자신만 못난 것 같다. 학교에 등급이 있고 서열이 존재하며 문제 풀이식의 공부가 존재하는 한, 수학을 못 하는 아이들은 학교를 그만두고 싶을 만큼 괴롭다. 부럽고 화가 나는 것은 자기 안에 그만한 에너지가 있어서다. 남보다 많이 뒤처져 보이는 것은 자신이 의식하는 상대적 약점 때문이다. 문제는 약점을 자신의 내면에서보다 다른 여러 사람과 비교에서 발견한다는 데 있다. 그러다 보면 자연스럽게 상대적으로 열등감이 발동하는데 그것을 '열등 콤플렉스'라고 한다. 열등 콤플렉스에 갇힌 이들은 무언가 할 때마다 실패를 반복하게 되고 주변 사람들이 하는 위로가 전혀 도움이 되지 않는 경우가 많다.

세상엔 당연히 나보다 뛰어난 사람이 있을 수밖에 없다. 나도 박사가 된 선배를 바로 눈앞에 두었을 때 그가 너무 부럽고 누가 뭐라고 하지 않았는데 스스로 초라해지는 것을 느꼈다. 그러나 남은 시간을 내 편으로 삼아 큰 그림을 보려고 노력했다. 누구나 자신만의 속도가 있다. 타인과 다른 빠르기로 한 단계씩 오르고 있으며 여전히 잘할 가능성이 충분하다고 스스로 믿을 수 있어야 한다. 영원히 군림할 수 있는 왕좌가 없는 것처럼 전성기 또한 영원하지 않은 게 인생이다. 하여간 세상은 돌고 돌아 미래가 자기 앞에 펼쳐질 수 있다는 믿음으로 조금씩 꾸준히 하는 것이 우리가 할 수 있는 최선이다.

열등감에서 빠져나오는 첫째는 힘들더라도 자신의 열등한 부분을 인정하는 것이다. 둘째는 이를 직면하고 극복하기 위해 노력하며 자신의 우월한 부분을 찾아보는 것이다. 시도하지 않거나 능력이 낮아서 안 된다는 이유로 열등 콤플렉스를 느끼는 아이들은 의도적으로라도 이러한 과정을 경험하도록 도와주는 것이 필요하다. 학교는 청소년기의 아이들이 그것을 충분히 경험하도록 이끌어주기에 적합한 장소가 되어야 한다.

나의 편이 아무도 없다

누구나 새 학년에 대한 기대가 있다. 시후는 교복도 가방도 새로 장만했다. 새 교과서도 받았다. 그 학교는 어떨까 궁금해지기도 하고, 어떤 선생님이 담임이 될지 기대 반 설렘 반으로 등교했다. 같은 반에 아는 얼굴이 있어서 더욱 반가웠다. 고등학교에 입학했으니 공부를 한번 잘해 보리라 굳은 다짐과 새로운 학교에서 친구도 많이 사귀겠다는 마음도 먹은 터였다.

처음부터 못 할 거란 기대로 시작하는 일이 있을까? 좋아지고 잘 될 거란 생각을 품지 않으면 어떤 것을 실천하려고 하지 않을 것이다. 희망으로 시작한 시후의 학교생활이 또래로부터 왕따와 괴롭힘을 당하게 되면서 얼룩지기 시작했다고 한다. 새로운 아이들과 친하게 지내보려고 마음을 열었던 탓에 상처가 더 컸다. 불안을 느낀 시후는 학교생활 자체를 힘들어하며 학업중단의 위기를 맞았다. 친하다고 생각하던 친구에게 받은 상처는 쉽게 나아지지 않는 데다 정서적 불안으로 더 큰 위험에 처할 수도 있다.

처음엔 친구로 다가와 놀리기 시작했다고 말했다. 친구끼리는 그럴 수 있을 것으로 생각하며 이해하려 했다. 그러나 장난인지 진심인지 모르게 은연중에 흉보고 비웃는 일이 많아졌다. 심하다고 느낄 정도로 기분 나쁘고 싫었지만 혼자가 될까 봐 적절하게 표현하지 못하고 마음으로만 불쾌했었다. 아이들은 시후의 그런 마음을 무시하고 놀리는 정도를 더해 갔다. 시후는 무엇을 위해 살아야 하는지 방황했지만, 가해자는 자기들의 괴롭힘 때문에 피해 아이가 교실에 들어가기 싫어하고, 학교에 있는 것이 힘들다는 것을 생각하지 못했다. 재미라는 이름으로 짓궂은 행동을 한 가해자는 상대가 고통받는 것을 모른 척하는 경우가 많다.

시후가 참은 것은 혼자될 것이 무서웠기 때문이다. 무리에서 떨어지는 행위는 두려움으로 이어진다. 반복해서 겪는다면 살아갈 용기마저 잃게 될지도 모른다. 생쥐를 두 그룹으로 나눠 실험한 연구가 있다. 한 그룹은 개별 우리에 넣고 나머지는 다른 쥐들과 지내도록 하면서 행동과 뇌세포 변화를 관찰한 것이다. 다른 생쥐들과 접촉이 없었던 그룹에서는 수동적 반응이 관찰되었고, 뇌 세포의 수와 활성도 현저히 감소한다는 사실을 확인했다. 아이들은 사람에게 인정받고 싶은 본능적인 욕구가 크다. 두려움이 많은 아이일수록 자기를 지지해 줄 또래 친구의 존재 여부가 중요하다. 그러나 교실에서는 피해자를 돕는 아이가 또다시 왕따가 되는 일이 허다하게 발생하지만 해결하지 못하는 것이 문제다.

학교에서 아이들이 갖는 인정 욕구를 수용하고 따뜻하게 대해 줄 수 있다면 아이들은 상처를 극복할 힘을 얻는다. 상처를 극복하기 위해 본인의 노력도 필요하지만, 학교 관계자와 부모가 함께 꾸준히 도와주는 것이 문제 해결의 관건이 된다. 괜찮은 사람으로 인정받은 경험이 많을수록 극복할 가능성이 증가하므로 학교는 아이가 안정될 때까지 보살피고 지지하려는 노력을 게을리해서는 안 된다. 따뜻한 경험은 자기 몸에 체화되고 그 느낌이 때로는 이해로, 공감으로, 자아가 단단해지는 기회로도 작용할 것이기 때문이다.

민규는 전학 온 아이다. 키가 훤칠한 데다 목소리까지 좋았다. 누가 봐도 한눈에 배우를 하면 좋겠다는 생각이 들었을 것이다. 전에 다녔던 학교에서는 선배들이 무섭고 자신에게 기회가 주어지지 않는 것이 불만이었다고 했다. 장점이 많은 학교라 포기하기는 아깝지만 어렵게 6개월 만에 일반계 고등학교로 전학을 결정했다. 평범하게 아이들과 잘 지내고 싶었던 민규는 밝은 얼굴로 학교에 다녔다. 멀리서라도 나를 볼 때면 큰 소리로 인사하는 모습이 인상적이었다.

사람에 대한 첫인상은 단 몇 초 만에 결정되기도 한다. 그 사람이 가진 인격과 무관하게 보는 사람에 의해 결정되는 것이다. 전학 온 첫날 민규는 같은 반 아이들에게 좋은 점수를 받지 못했다. 생각했던 것만큼 아이들과 쉽게 친해지지 못하고 복도를 혼자 배회하는 신세가 되었다. 민규는 아이들이 자신에 대해 하는 말을 들었다며, 성우가 더빙하는 것처럼 느껴지는 말투가 거슬리고 표정이 가식적이라 자신을 불편하게 생각해서 멀리한다고 했다. 그러나 그 말을 전하면서도 웃음을 잃지 않는 아이였다. 민규는 성우를 꿈꾸고 있었다. 평소에도 발성 연습을 했던 까닭에 아이들이 그가 성우같이 말한다고 느꼈을지도 모른다. 사람이라면 상황에 따라 표정이 다른 것이 일반적인데 매번 같은 표정으로 밝게 웃는 모습이 도리어 문제가 되는 것 같았다.

또래들과 어울리는 것이 힘든 학교와 달리 학교 밖에서는 잘 지낸다고 했다. 어른들이 운영하는 성우 동아리 소속인 민규는 비록 동아리 형태지만 이미 성우로 활동하고 있다고 했다. 방과 후에는 동아리에서 대본을 짜는 역할을 하는 작가 겸 성우로서 자신의 기량을 마음껏 발휘하고 있었다. 민규는 학교에서 자신을 이해해 주는 친구가 없는 것이 가장 힘든 점이라고 호소했다. 내 편이 아무도 없다고 생각되면 두려움은 견딜 수 없을 만큼 커진다. 그만큼 민규에게 학교는 하루를 보내기 버거운 곳이고, 다니는 자체가 고통스러운 장소로 변했다. 무슨 일을 하더라도 신이 나지 않고 집중하기도 어렵다고 했다. 더군다나 새로운 마음으로 온 학교에서 예상치 않은 일을 겪고 전학을 잘못 왔다는 생각은 더욱 견디기 힘들게 했다.

민규가 힘들어하는 것이 나에게도 느껴졌다. 지금은 친구들이 잘 모르기 때문에 거리를 두는 것이고, 민규는 마음이 따뜻한 사람이라 그것을 알아봐 줄 친구가 나타날 것이라는 말을 해 주었지만, 민규는 그러지 않을 것 같다며 걱정하는 표정을 지었다. 나는 조심스럽게 민규가 원한다면 학교생활을 도와줄 또래 친구를 붙여 주겠다고 말했는데 의외로 기쁘게 받아들였다. 민규에게는 정말 도움이 절실한 상황이었음을 실감했다.

스트레스 상황에서는 불안이 커졌다가 작아졌다 순환하며 늘 주변을 맴돈다. 기분이 좋을 때는 불안도 수그러들지만, 뭐니 뭐니 해도 일상의 어려움을 극복하는 데는 내 편만큼 도움이 되는 것이 없다. 두려움을 상대와 나누면 반으로 줄어들고 친하게 지내는 한 사람만 있어도 인생은 살 만해진다. 요즘은 식당에서 혼자 밥을 먹고 혼자 술을 마셔도 이상하지 않은 세상이지만, 혼자가 자유롭긴 해도 함께할 사람이 없으면 외로운 것은 당연하다.

학교에서 혼자된 아이들은 활력이 없다. 나의 편이 아무도 없기 때문이다. 내 편이 없다는 것은 무서운 일이다. 매일 같은 일이 반복된다는 생각에 두려운 느낌마저 든다. 같이 공부하는 또래들도 기쁨의 대상이 되지 못하고 시간이 지날수록 학교에 가는 자체가 힘들어진다. 어려운 상황에 부닥쳤던 사람은 그 순간을 떨쳐 내기 어렵다. 그러므로 어떤 말을 해도 이해해 줄 수 있는 믿을만한 한 사람, 내 편에 있는 사람은 일상을 윤택하게 하는 활력소다. 인생에서 살만한 가치와 즐거움을 더하는 요소가 되고 살아가는 데 힘을 실어 주고 이해하는 역할도 충실히 한다. 학교가 아이들의 편이 되어 맘껏 성장할 기반으로 기능해야 하는 까닭이다.

마음 기댈 곳이 없다

다른 나라 말로 수업을 들으려니 머리에 쥐가 날 지경이었다. 간호, 생물, 종교, 수학 등 강의는 영어로 진행되었다. 이십여 년 전 나는 필리핀의 한 대학에서 매일 오전 4시간을 그렇게 보냈다. 전공 수업을 영어로 듣기란 여간 어려운 것이 아니었다. 귀동냥 이 많았던 나도 무슨 내용인지 통 알아들을 수가 없었다.

소통은 매우 중요했다. 말이 통하지 않는 것은 생존을 위협받는 느낌이었다. 필요한 것을 얻는 것 자체도 쉽지 않았다. 기본적인 회화 정도로는 감정 교류가 잘 일어나지 않는다. 그래도 그 시간 을 즐겁게 기억하는 것은 관심을 준 어린 필리핀 친구들과 교수 덕분이었다. 교수들이 학생을 반갑게 맞이하고 외국인인 내게는 한 번 더 말을 걸어주었다. 수업 시간이 끝나면 어린 친구들과 점 심을 먹으러 나갈 생각에 지루한 시간도 이겨 냈다. 언어는 하루 아침에 통달할 수 없다. 사람을 사귀기보다 언어 공부를 먼저 하겠다고 생각했더라면 난 아마 한 달을 채우지 못하고 학교 가기를 그만두었을지도 모른다.

오늘도 현서는 혼자 복도를 순회했다. 입을 앙다물고 헤드셋으로 귀를 덮은 채, 삼삼오오 장난을 치는 아이들 사이를 지나쳐 사라진다. 물 위에 떨어진 한 방울 기름 같았다. 그 모습은 오래전부터 몸에 익은 듯 자연스러워 보이기까지 했다.

곱슬곱슬한 짧은 머리카락, 일부러 선탠을 한 것 같은 피부색은 현서가 다문화 가정의 아이라고 느끼게 한다. 현서는 친구들과 사소한 이야기를 나누고 싶은 바람과 달리 항상 겉돌았다. 언어 이해와 활용이 원활하지 못해서 깊이 있는 대화까지는 꿈도 못 꿨다. 일상적인 질문에도 이해하지 못한 표정을 보이고 대답을 잘하지 못했다. 맥락을 몰라 대화가 매끄럽지 않았다. 현서는 자신이 '눈치가 없어서' 애들이 좋아하지 않는 것 같다고 말했다. 말 붙이고 싶은 친구에게도 거절당할까 두려워 다가가지 못했다. 중학교 때는 그나마 친구가 있었는데 뿔뿔이 흩어지고 새로 입학한 고등학교에서는 말동무할 사람이 없어 항상 외롭다고 했다.

내가 근무했던 학교엔 다문화 가정의 아이가 다섯 명 들어왔다. 지금까지 두 명은 자퇴하고 한 명은 졸업했다. 다문화 가정 아이들은 교실 밖으로 잘 나오지 않아 복도에서는 마주치기 어렵다.

하지만 현서는 복도로, 건물 사이로 걸어 다닌다. 나는 그 아이를 마주칠 때마다 "안녕" 하고 말을 걸었다. 현서가 처음엔 어색한 표정으로 인사하다가 점차 반가운 웃음으로 반응했다.

가끔 현서를 상담실로 불러 어떻게 지내는지 물었다. 이야기를 들어 보면 어린 나이에 해결하지 못할 고민이 많았다. 학교 나오기가 쓸쓸하다고 했다. 음악을 듣는 이유가 위로받고 싶어서였다. 집에서도 설명을 잘 듣지 못하는 것으로 느껴질 만큼 가족에 대해 아는 게 없다는 생각이 들었다.

내가 하는 일은 이야기를 들어 주고 복도에서 만날 때 말 거는 정도가 대부분이다. 간혹 진로에 관한 이야기를 듣고 담당 교사와 면담 약속을 잡아 주거나 간단한 심리 검사 결과를 보며 본인 성향으로 인해 있을 만한 가능성에 대해 해석해 주기도 한다. 그 외에는 때때로 담임교사께 도움 요청을 보내고, 또래 상담원에게 챙겨 달라고 부탁을 하거나 외부 활동이 있을 때 참가를 독려하는 것이 전부다. 필리핀에서의 경험을 참작할 때 다문화 가정 아이들에게는 말을 걸고, 요즘은 어떤지를 물어보고 밥을 같이 먹는 사람이 있는지와 같은 기본적인 것들에 대해 진심으로 신경 써 주는 것이 우선이라고 생각했다.

마음 기댈 곳 없는 다문화 가정 아이들의 학업중단 문제는 심각하다. 다른 나라에서 우리나라로 중도 유입하는 경우가 많아서 국가에서도 학교에 입학한 다문화 가정 학생들에 대해 정책적으로 신경을 쓰고 있지만, 특히 고등학교에서는 아직 실효를 거두지 못하고 있다. 정체성 문제, 의사소통 문제는 어제오늘 일이 아니다. 한국에서 지낸 지 꽤 되었는데도 자신은 여전히 이방인 같고 내용을 잘 알아들을 수 없는 수업 시간엔 그냥 앉아 있는 경우가 대부분이다. 학생들이 넘쳐나게 많지만, 혼자인 본인은 외롭다. 학교에서의 가장 큰 문제는 그 외로움과 어려움을 고스란히 혼자 해결해야 한다는 것이다. 우리나라에서도 점차 다문화 청소년의 취학이 늘어나는데도 의무 교육이 아닌 고등학교에서는 별다른 대안이 없다. 혼자 해결할 막막한 난제들을 오랫동안 겪다 보면 우울감으로 이어지는 수도 있다.

지호도 외로움이 많은 아이다. 어릴 적 지호는 부모가 있었지만 무슨 영문인지 시골에 살아야 했다. 친척 집에 있었는데 돌보는 사람도 친절하지는 않았다고 기억하고 있다. 부모가 보고 싶어 매일 그리워했으나 자신을 데려가지 않은 이유를 말해 주는 사람은 없었다. 그렇게 6년을 떨어져 살았다고 했다. 그사이 지호는 아이답지 않게 성숙해졌고 중학생이 되어서야 비로소 부모 곁에 있게 되었다.

꿈에서도 간절했던 부모는 아이에게 아무 느낌을 갖지 않는 것 같았다. 만나면 웃으며 반길 줄 알았던 터라 어찌할 바를 몰랐다고 했다. 자신이 부담스러운 존재라는 것을 시간이 지나서야 알게 되었다. 의무감에 어쩔 수 없이 데려온 것이다. 부모에게 지호는 책임져야 하는 의무 그 이상도 이하도 아니었다고 느꼈다.

지호의 눈엔 부모가 조그만 자극만으로도 금방 무너져 버릴 것처럼 나약하다고 생각했다. 그만큼 지호는 환경에 민감하게 반응했다. 어떻게 하면 자신이 그 자리에서 안전하게 있을 수 있는지를 아는 것 같았다. 학교에서 가정에 알려야 하는 일이 있으면 강하게 거부하며 어떤 말도 전하는 것에 대해 두려워했다. 도움이 되는 결과라든가 걱정스러운 문제 등의 중요한 사실 전달마저도 못 하게 했다. 아이가 두려움을 느끼고 있는 상황에서 직업적 의무감만으로 강하게 밀어붙일 수 없는 일이다.

'살얼음'이란 단어가 떠올랐다. 언제 깨질지 알지 못하는 빙판 위를 건너는 아슬아슬함이 느껴졌다. 나는 지호의 말을 들어 주고 선택한 것을 존중하며 기다려 주면서 분위기만 살폈다. 무엇 때문에 부모가 힘들어하는지도 말하지 않으며 입을 굳게 다물고 마음마저도 닫아 버린 지호를 오랫동안 지켜보았다. 지호는 부모와의 관계가 불편하고 두려워서 모든 것을 피했다. 그리고 아무것도 하지 않는 것을 선택했다.

지호는 부모가 힘들어하는 모습이 보기 싫다고 했다. 부모가 최선을 다하는 것으로 생각했기에 조용히 지냈다. 이제는 친구들과 어울리는 것까지도 재미가 없다고 했다. 학교에 다니는 목적은 단지 졸업이었다. 그래도 졸업은 해야 한다는 의지만큼은 컸다.

적지 않은 아이들이 마음 기댈 곳조차 없다. 아이가 머무르는 곳에서 사람의 정이 느껴지지 않으면 상처가 되는 장소일 뿐이다. 상처가 많은 사람은 자꾸 자신을 감추려 한다. 자기다운 것이 아닌 괜찮은 모습을 보이려다 더 많은 상처를 받고 그러다 자신도 인식하지 못하는 사이에 깊은 외로움에 빠지게 된다. 기댈 사람이 있는데도 그럴 수 없다면 더욱 외롭다.

아이가 발달에 맞지 않는 어른스러운 태도를 보이는 경우 '애어른'이라고 한다. 애어른은 타인에 대한 과도한 배려로 자기주장을 학습할 시기를 놓치거나 자신의 욕구를 억압함으로써 속으로 방황하기 쉽다. 가정이 있고 학교가 있어도 어떤 이유로든 감정을 나눌 수 없으면, 힘들 때 정말 혼자가 된다. 상처를 받지 않으려고 의식적으로 현실을 당연하게 받아들이지만, 자신도 모르게 여전히 사람들의 인정을 원한다.

자기의 말을 들어 주고 공감해 주는 친구 한 명만 있어도 좋다. 편히 말을 시키거나 자신의 말을 판단 없이 들어 줄 사람이 있으면 행복하다. 고생했다고 안아 주는 사람이 있다면 세상은 정말 살만하다. 아이들의 좌절을 이해하고 불안을 수용할 수 있는 사람들, 학교에 있는 사람들은 그런 사람들이어야 한다. 그래서 학교는 아이들이 살 만한 곳이 되어야 한다. 자신에게도 어떤 가능성이 있다는 것을 알 수 있도록 말이다.

대학보다 다른 것을 하고 싶다

스스로 할 수 있는 게 없는 사람은 자신이 좋아하는 것이 아닐지라도 타인이 주는 것을 중요하게 생각한다. 자신의 힘으로 공백을 채울 수 없는 사람이라면 다른 사람에게 받는 것이 크게 느껴진다. 반면 자기 스스로 허전한 기운을 채울 수 있으면 누가 무엇을 주든지 상관하지 않는다. 타인이 주는 것보다 자기가 할 수 있는 것이 더 중요하기 때문이다.

결이는 무엇을 좋아하는지 확실하게 찾았다. 단순히 소리가 마음에 들어서 관심을 가졌던 드럼은 가슴을 울렸다. 연습하는 것이 즐거웠다. 유튜브에는 드럼 연주 공연이 무수히 많아서 실력 있는 연주자의 연주를 시간 가는 줄 모르고 원 없이 보았다. 드럼 연주자를 따라 박자를 맞추는 게 재밌었고, 그걸 따라 하면서 드럼에 더 많은 매력을 느꼈다고 했다. 다른 사람처럼 자신도 연주를 잘해 보고 싶은 마음이 샘솟았다.

결이는 나에게 드럼엔 악기가 많이 달려 있다고 설명해 주었다. 드럼을 여러 개로 구성된 악기의 집합체라고 표현한다고도 했다. 여러 개의 북과 심벌의 이름을 말해 주었으나 기억하기 어려웠다. 결이도 명칭을 처음 들었을 땐 복잡하다고 생각했다고 한다. 그만큼 크고 작은 크기의 드럼과 심벌, 다양한 타악기들로 이루어져서 초보자에게는 다루기 어려운 악기다. 그러나 이제 결이는 드럼 크기를 자유로이 바꿔 가며 연주를 할 수 있는 실력이라고 한다. 방학에는 연습실에서 새벽까지 연습하고 아침에서야 잠이 들었다. 너무 힘들어지면 이삼일 쉬기도 했다. 내가 보기에 결이는 어려움을 이겨 내기까지 스트레스도 많이 받았지만 늘어나는 실력으로 충분히 보상받는 기분이 어떤 것인지를 아는 것 같았다.

드럼을 잘하게 되면서 이를 전공으로 선택하기로 마음을 정했다. 두렵지만 그래도 잘해 보고 싶어서 고등학교 2학년 가을에 다니던 학교를 그만두었다. 실용 음악을 전공할 학교로 가려면 전학의 형태가 아니라 자퇴를 하고 그 학교에 재입학 과정을 거쳐야 했기 때문이다. 친구들과 헤어지는 것이 아쉽다고 말하면서도 새로운 도전을 앞두고 흥분되어 있었다.

드럼을 접하게 된 건 우연이었다고 했다. 친구와 그룹사운드 공연을 보러 갔다가 드럼 소리에 매료되었다. 드럼을 치는 음악가는 정말 멋있어 보였다. 온 힘을 기울여 연주하는 모습이 마치 신들린 것처럼 생각되었다고 한다. 결이는 처음 본 공연에서 자신의 진로가 될 드럼을 발견했던 그 순간을 지금도 생생하게 기억하고 있었다. 마치 자신을 위해 연주된 공연처럼 느껴졌다고 말이다.

누구에게나 공연을 볼 기회가 있다. 특히 오프라인뿐 아니라 온라인에서도 다양한 공연을 접할 수 있다. 본인은 관심이 없었더라도 친구를 따라가거나 공연 자체가 좋아서 관람하러 가는 사람들도 많다. 음악 공연을 예로 들면 연주자의 팬이 되어 보다 적극적인 활동을 하는 사람도 적지 않다. 나아가 연주를 해 보고 싶어서 실제로 악기를 배우는 사람들도 있다. 하지만, 결이처럼 어린 나이에 3년을 꾸준히 노력해서 전공하려는 사람은 흔히 볼 수 있는 것은 아니다.

자신이 진짜 하고 싶은 일을 찾은 사람은 활기가 넘친다. 집중해서 해야 할 일을 정하면 오히려 마음이 편하고 내면의 소리에 따라 자율적으로 선택한 일이면 더욱 신난다. 주변 사람들의 지지까지 받으면 자신감이 충만해지는 것은 당연한 일이다. 일찍이 자기 길을 선택한 아이는 두려움을 넘어 새로운 환경에 적응해 보려는 도전의 의지를 불태운다. 오랜 시간 힘든 고비를 스스로 넘어오면서 만들어진 끈기. 처음에는 작은 목표였지만 점차 큰 꿈을 그리며 성장하게 된다. 그리고 꿈을 실현해 나가려는 마음은 유능감을 최대로 끌어올린다. 그래서 하고 싶은 일을 찾는 것은 행복한 일이다.

우빈이는 꿈을 고등학교에 와서 찾았다. 학교에서 추천받아 참여한 커피 교실에서 10주간 바리스타 과정을 끝내고 난 후, 자격증을 따기로 마음먹었다. 학교생활을 힘들어했던 우빈이에게 하고 싶은 일이 생기면서 근심도 줄어들게 되었다.

중학교 때만 해도 학교생활이 평탄하지 않았다고 한다. 친구에게 놀림을 당하는 일이 빈번히 있었으나 걱정할 부모님을 생각해서 도움을 청하지도 못했다. 비슷한 일은 계속되었고 선생님의 중재도 효과가 없었다. 고등학교에 진학했지만, 한 달이 지났는데 같은 반 아이들은 자기에게 한 마디도 건네지 않았다고 했다. 놀리는 친구가 있을 때의 고통만큼이나 친구가 없는 것에서 오는 스트레스도 크게 느끼고 있었다. 그 때문에 상담을 신청하고 싶어도 아이들에게 알려지는 게 싫어서 하지 않았다. 결국, 학교가 아닌 다른 장소에 있는 상담 센터를 찾았고 그곳에서 운영되는 바리스타 프로그램에 참여했다. 각기 다른 중·고등학교에서 온 아이들은 강사를 따라 커피 종류를 배우고 내리는 것부터 우유 거품을 만드는 것에 이르기까지 커피에 관련된 기술을 익혀 나갔다. 이 선택은 우빈이에게 꽤 만족스러웠던 것 같았다. 원두를 볶고 갈아줄 때 진하게 풍겨 오는 커피 향도 좋았다고 했다.

바리스타 수료식이 있는 날엔 그동안의 실력을 맘껏 뽐냈다. 담임교사와 부모님을 초대해서 커피를 직접 내리고 간식과 함께 대접했다. 우빈이가 내게 만들어 준 것은 하얀 우유 거품으로 앙증맞은 하트를 그린 카페라테였다. 예가체프와 수프리모 두 가지 원두를 섞었다고 간략히 설명하고 맛이 어떤지를 물었다. 앞치마를 두르고 서빙하는 모습이 제법 바리스타다워 보였다. 힘들어했던 우빈이의 모습은 보이지 않았다. 오히려 밝아진 표정에 커피까지 대접받으니 덩달아 기분이 좋았다.

오랜 시간 동안 한 가지를 꾸준히 지속하면 잘하게 된다. 오랜 경험과 행동은 더 나은 아이디어로 발전하고 결국 할 수 있는 일이 많아진다. 그러므로 하고 싶은 것이 생기면 실행에 옮겨 보는 것도 필요하다. 이때는 몸을 움직이는 것이 답이다. 그러려면 자신이 하고 싶은 일에 대해 구체적으로 생각하고 제대로 알고 있어야 하지만, 많은 아이가 미처 준비도 되지 않은 상태에서 학교에서 사회로 곧장 뛰어든다. 자신이 평생 하고 싶은 일을 찾는 데는 30년이 걸렸다고 누군가 말한 기억이 난다. 그만큼 하고 싶은 일을 찾는다는 건 원래 쉽지 않은 일이다. 그러므로 자기를 알지 못하고 부모의 요구나 성적에 맞추는 것은 눈을 가린 채 중요한 것을 선택하려는 행위와 같다.

많은 아이가 대학을 꿈꾸는 가운데 대학보다 다른 것을 하고 싶은 아이들도 있다. 무엇이든 하고 싶은 것을 찾는 일은 중요하다. 어떤 모습으로 살아갈지에 대한 바탕이 되기 때문이다. 우리는 자기가 중심이 되어 살아가기를 원한다. 다른 사람을 따라가기보다 자신의 길을 가는 것이 우선이다.

누구나 다 학교에 다니는 것을 당연하게 생각할 만큼 우리나라의 입학률은 최고다. 그러나 종종 자신에 대해 깊이 알고 싶어 하며 주체적으로 자기만의 삶을 사는 것을 더욱 중요하게 생각하는 아이에게는 학교에 가는 것만이 유일한 길은 아니다. 어쩌면 그런 아이들이 더 빠르게 자기 길을 찾아갈지도 모른다. 이런 경우의 학업중단은 오히려 축복이 될 수도 있다. 그것이 학업중단이 될지라도 그들의 선택을 존중해 줄 수 있어야 한다. 하고 싶은 일을 직업으로 삼는다면 목표를 성취할 가능성이 더욱 커지기 때문이다. 때로는 아이가 스스로 하고 싶은 일을 찾았을 때 응원하고 도와주는 것이 현명한 일이다.

제3장
이제 바뀌어야 한다

아이들의 목소리도 듣자

복도에서 카랑카랑한 목소리가 들렸다. 어른 한 사람의 목소리만 들리는 걸 보니 어떤 아이가 야단을 맞고 있는 모양이었다. 쉬는 시간이라 복도에는 지나다니는 아이들도 많은데 혼내는 소리가 그칠 줄 몰랐다. 꾸지람을 하는 것도 그렇지만 저 많은 애들 앞에서 공개적으로 꾸중 듣는 아이는 괜찮을까?

복도 한가운데 고개 숙인 두 명의 아이가 나란히 서 있고, 아직할 말이 많아 보이는 교사는 상기된 얼굴로 일방적인 훈계를 하고 있었다. 해당 과목이 대학 입시와 관련이 없다는 이유로 다른 공부를 했기 때문이었다. 그 옆에서 담임교사가 자기 반 아이들이 혼나는 모습을 지켜보며 조용히 서 있는 상황은 수업 시작종이 울리고 나서야 일단락되었다. 시간이 지난 후 나는 조심스럽게 담임교사께 내 생각을 설명하고 아이들을 만나게 해 달라고 부탁드렸다.

첫 번째 만난 아이는 기가 죽어 있었다. 자신이 잘못한 것은 알겠는데 이렇게 심각한 일인 줄은 몰랐다고 말했다. 선생님이 그렇게 화내는 건 처음 봤고 선생님에 대한 원망보다 미안한 마음이 크다며 조심하겠다고 말했다. 자기가 한 일로 인해 많이 걱정하고 있었다. 이 아이는 자기가 하고 싶은 말보다 다른 사람의 말을 우선하여 잘 들어 주는 내향적인 편이라고 느꼈다. 내향성은 융(Carl Gustav Jung, 1875~1961)이 사용한 개념인데, 조용하고 내향적인 사람은 그렇지 않은 사람보다 걱정하는 마음이 커서 오래 남기도 한다. 자극에 심적으로 더 크게 반응하고, 더 깊이 생각하는 경향이 신중하게 행동하도록 만들기 때문이다.

두 번째 만난 아이는 조금 달랐다. 차분하지만 당당해 보였다. 선생님이 화가 난 이유가 자신이 따지듯이 말대답한 것 때문이라고 솔직하게 말했다. 평소 그 선생님과 사소한 갈등이 엉켜 있었는데 그것 때문에 더 화난 것 같다고 분석하고 있었다. 그 아이 스스로 문제의 원인을 파악하는 것을 보니 해결도 나름대로 잘 할 수 있을 것으로 보였다.

혼이 난 아이들은 나름의 이유가 있었다. 주의시킨 교사도 마찬가지다. 각자 이유가 있는 일에 누군가 나선다면 오지랖 부리는 일이 될 가능성이 크다. 중재를 요청하지 않은 상태에서 개입하는 것은 경솔한 일이고, 불쾌한 기분을 갖게 하기에 충분하다. 그런데도 내 마음 한구석에서 '아이들 기분은 어땠을까? 혼난 일에 대해 하고 싶은 말이 있었는지를 물어봐 주면 좋을 텐데…' 하는 생각이 떠나질 않았었다. 핀잔을 들으면 잘했든 잘못했든 마음이 편치 않기 때문이다.

실제로 만나 본 두 아이는 자기가 하고 싶은 말을 제대로 하지 못한 것에 대해 아쉬움을 갖고 있었다. 혼을 낸 교사에게 뭔가 말을 하고 싶었지만, 복도에 친구들이 많았고 옆에 담임교사도 있었던 터라 차마 하지 못한 것이다. 특히 한 아이는 하고 싶은 말이 더 많았던 모양이었다. 자신이 왜 그렇게 행동했는지 말하고 오해를 풀고 싶은 마음이었다고 했다. 이전에 잘못한 일로 인해 담임교사의 눈치가 보였고 이미 경고도 받은 바 있어 신경이 곤두서 있었다고 했다. 갑자기 담임 선생님께 이른다는 말에 그만 "왜 그렇게 하세요?" 하고 물었던 것인데 당사자의 사정을 모르는 사람에게는 그 말투가 따지는 듯이 들렸을 것이라고 스스로 판단했다. 시간이 지나고 생각해 보니 가만히 있었으면 오해를 사지 않았을 것이라며 후회도 했다.

내가 이야기를 들어 주자 품고 있던 생각을 말로 풀어낸 아이들은 스스로 상황을 갈무리했다. 이 일로 선생님들이 안 좋게 보는 게 걱정이지만 돌이킬 수 없으니 남은 학교생활을 잘해 보겠다고 했다. 앞으로 혼을 냈던 선생님 수업 시간에 적극적으로 참여하고 열심히 하는 것을 보여 주면 나아질 것이라고도 했다. '괜한 중재에 나섰나?' 하고 걱정하고 있었는데 아이들 덕분에 한시름 놓아도 될 것 같았다.

사람들은 저마다의 스토리가 있다. 그냥 말을 들어 주기만 해도 풀릴 때가 있다. 심리학자 제임스 페니베이커(James Pennebaker, 1950~)의 저서 《털어놓기와 건강》에서 "억제된 생각과 감정을 언어화하는 것은 심리적으로 유익하다."라고 했던 것처럼, 단지 들어 주었을 뿐 어떤 방책도 제시하지 않았는데 신기하게 일이 잘 해결되기도 한다. 가슴이 터질 것 같은 일도 누군가 들어 주는 것만으로도 마법같이 마음이 가벼워진다. 그러나 판단하지 않고 사람의 말을 들어 주는 것은 여간 어려운 일이 아니다. 부부간, 연인 사이, 부모 자식처럼 가깝고 소중한 사람끼리도 소통이 잘되지 않아 싸우는 경우도 많은데 하물며 타인은 더 말할 나위도 없다. 돌이켜 보면 별것 아닌 일로 큰 싸움이 되는 경우가 다반사다. 작은 서운함이 켜켜이 쌓여 원수가 되기도 한다. 자기의 사정부터 말하고 싶겠지만 먼저 다른 사람의 이야기에 귀 기울여 주는 것이 소통의 지름길이다.

성민이는 하고 싶은 말이 너무 많은 아이다. 상담실에 오면 꼭
꼭 싸매 놓은 보따리를 풀어놓는다. 마음 밖으로 꺼내는 말들 대
부분은 화났던 일이나 걱정하는 내용이었다. 성민이에 관한 나의
견해를 들은 담임교사는 고개를 갸웃거리며 속을 모를 만큼 교실
에서는 조용하다고 말했다. 한번은 입을 꾹 다물고 묻는 말에 대
답조차 하지 않는 성민이가 답답하다며 내게 보내기도 했었다.

성민이는 일주일 전 친구에게 일어난 사건, 부모님께 서운했던
일, 온라인에서 알게 된 모임 등에 관해서 이야기를 시작하면 한
시간이 모자랄 정도다. 대부분 대인 관계에서 오는 짜증과 불만
이었다. 정작 당사자에게 해야 했을 표현을 하지 못해 가슴에 묻
어 두었던 서운한 언어들과 우물쭈물하다 꺼내지 못한 말들이 너
무 많고, 시간이 지날수록 언짢은 생각이 커진 것으로 보였다.
자신의 의견을 친구가, 부모가, 모임의 사람들이 받아 주지 않았
기 때문이었다. 인간관계가 거듭될수록 사람들에게 서운한 일들
이 많아졌고 섭섭한 일투성이였다. 상대방의 한마디 말에도 상처
를 받았다. 자기 말을 잘 들어 주길 원했던 만큼 원망하는 마음도
컸다. 그러나 성민이가 기대한 따뜻한 이해와 지지를 받기보다
조언이나 충고를 듣는 일이 더 많았다. 그로서는 힘들고 억울했

을 법하다.

자신을 이해해 줄 누군가를 찾아내는 것은 숨통이 트이는 것같이 중요한 일이다. 수많은 사람을 만날 수 있지만, 가슴이 뻥 뚫리는 일은 좀처럼 일어나지 않는 게 현실이다.

아이들은 자기 말을 들어 주는 것을 좋아한다. 귀를 기울이는 것은 상대방에게 존중의 의미로 전달되기도 한다. 누군가 자신의 이야기를 경청하면 자신이 소중하다는 느낌이 들게 하기 때문이다. 그러므로 경청하는 것만으로도 좋은 반응을 끌어내는 아주 효과적인 소통 방식이 된다.

하지만 나이가 들수록 귀 기울이는 인내심을 갖기 어렵다. 각자의 경험과 지식을 기준으로 세상을 해석하고 상대를 판단하며 자기 관점에서 먼저 하고 싶은 말을 하기에 급급할 따름이다. 타인의 입장에서 생각하기는 쉽지 않은 일이다. 어른들은 보통 자기 생각대로 결론을 내리고 아이들 이야기는 아직 세상 이치를 모르는 어린애의 편향된 생각으로 간주한다. 되지도 않는 말을 듣느니보다 그냥 그 말을 끊어 버리고 어른의 생각대로 상황을 정리한다. 거기엔 격려도 경청도 존재하지 않는다. 이렇게 하는 것이 어른들의 관점에서는 편리한 대화 방식이다. 합리적이고 현명한 조언을 하고 있다고 생각하기 쉽지만, 아이들은 자신을 무시한다고 생각할 가능성이 크다. 어른들이 합리성을 앞세우다 보면 아이들의 목소리가 들리지 않는다.

　이제부터라도 아이들의 목소리에 귀를 기울이자. 그러기 위해서 적극적으로 경청하는 연습이 필요하다. 경청하는 자세는 자신의 견해만 주장하지 않게 만들어 준다. 제삼자의 처지에서 대상을 바라본다면 양쪽의 상황이 다 눈에 들어오는 것을 어렵지 않게 느낄 수 있다. 다른 사람의 사정이 이해되기 때문이다. 이것이 아이들이 하는 말을 인내심을 갖고 적극적으로 경청하는 훈련을 해야 하는 까닭이다. 아이들은 어른들이 말을 잘한다고 호감을 느끼지는 않는다. 오히려 자신의 말을 잘 들어 주는 것을 좋게 생각한다. 자신의 말을 수용하는 사람을 만나고, 인정받는다고 느낄 때 비로소 고민거리였던 상황을 스스로 매듭짓고 미래를 향해 나아가는 데 에너지를 쏟을 수 있게 된다.

상처받은 아이가 있을 뿐이다

상담실 전화벨이 여러 번 울렸다. 거듭 울리는 전화에 급한 일이라는 생각이 들어 상담 중임에도 불구하고 전화를 받았다. 지안이의 담임교사였다. 지안이가 가출해서 집으로 들어갈 생각을 하지 않는다고 걱정하였다. 어머니와 싸운 후 집을 나가서 친구 집에 머물고 있는데 집에 들어가지 않겠다고 고집을 부리면서 어떤 말도 듣지 않는 상황이라 난감하다는 이야기였다. 나는 간단한 상황 설명만 들은 후, 지금 하는 상담이 끝나고 나서 통화하기로 했다.

상담 중에 오는 전화는 되도록 받지 않으려고 한다. '지금 여기'

에서 나를 만나는 아이보다 중요한 일은 없다고 생각하기 때문이다. 그러지 않아도 속이 상해 있는 아이의 말을 끊으면 감정선이 흩뜨려질 수 있어서 무척 조심한다. 오로지 집중함으로써 상대를 존중하고 경청한다는 것을 보여 주는 일은 의미가 있다. 부득이 전화를 받아야 할 때면 양해를 구하고, 돌아와서는 기다려 줘서 고맙다는 인사를 전한다.

다시 전화했을 때 담임교사는 지안이가 위탁 학교로 등교하고 있어서 딱히 해 줄 수 있는 게 없다고 말했다. 더구나 교사 자신이 지안이 어머니를 만나기는 불편하고, 고집부리며 집에 들어가지 않는 것에 대해 어떻게 할지 모르겠다고 했다. 부모가 이혼하기 전에 아이는 학교생활을 잘하고 있었다고 한다. 아마도 이때부터 문제가 생긴 것으로 여기는 것 같았다. 구체적인 이유를 묻지 않은 것은 담임교사도 지안이 어머니와의 직접적인 대화가 아닌 지안이의 행동에서 추측한 것이기 때문이었다.

나는 담임교사가 지안이와 종종 통화하고 있다는 말을 듣고 다행스럽게 생각했다. 하지만 교사는 지안이가 한 달에 두 번은 와야 하는데 학교에 오지 않아서 얼굴을 볼 수 없는 것을 걱정하고 있었다. 위탁 학교는 학생이 원하는 기술을 배우기 위해 선택한 학교로서 등교는 위탁 학교로 하되 한 달에 두 번은 원적 고등학교로 등교하는 시스템을 따르고 있다. 이어서 담임인 자신이 지안이 부모와의 문제를 해결해 줄 수도 없는 일이라며 곤란하다고 했다. 그러면서 내게 무슨 방법이 있는지를 물었다. 곤란한 문제를 해결할 아이디어를 바라는 것이란 생각이 들었다. 오지 않는 아이를 어떻게 하라는 건지 나 역시도 고민이었다. 도움을 주기 위해 나는 담임교사께 두 가지를 부탁드렸다. 먼저 아이의 전화번호를 알려 달라는 것과 상담실 전화번호를 어머님께 전달해 달라는 것이었다.

이틀간의 시도 끝에 지안이와 통화가 되었다. 수업 시간이라 전화를 못 받은 것 같다고 했다. 오고 싶지 않다는 아이를 설득하기 위해 두 차례나 더 통화했다. 상담실에서 만나기를 권유하며 등교하는 날에 맞춰 일정을 잡았다. 막상 만난 지안이는 앞으로 무엇을 할지 계획이 있는 아이였다. 걱정했던 것이 무색하게 자신감이 충만하다는 느낌을 받았다. 며칠 동안 몸이 아팠던 까닭에 집에 들어가 있는 상태라고도 했다. 계속 집에 있을지는 아직 고민 중인 것 같았다.

한 시간 동안의 대화를 마무리하는 과정에서 지안이는 내가 걱정하지 않아도 될 만큼 잘하는 것 같고, 집에 들어가는 문제도 알아서 해결할 수 있을 것으로 생각한다고 솔직한 느낌을 전달했다. 충분히 대화를 나누고 이해를 받아서 그런지 지안이의 표정은 대체로 밝게 느껴졌다. 스스로 마음도 정리한 모양인지 어머니와 갈등은 여전히 존재하지만, 집에서 어머니가 잘해 주시고 있어 자신도 다시 집을 나가지는 않을 거라고 그 자리에서 다짐했다. 가출의 이유에 어머니와의 갈등에서 자기주장을 관철하려는 의도가 있었던 모양이었다.

지안이만 그런 게 아니라 아이들은 집 나가는 것을 무기처럼 사용하는 경향이 있다. 아이들이 나빠서가 아니라 견딜 수 없을 만큼 힘들어서 나오는 행동이다. 마음에 입은 상처를 드러내는 행동이라는 것쯤은 알면서도 부모 입장에서는 화가 나고 속상한 일이다. 더구나 가출 상태가 오래가면 돈 없고 마땅히 잠잘 곳도 없어 먹고 살 고민을 해결하는 것이 우선순위가 돼 버린다. 이런 경우엔 학업중단으로 이어질 가능성이 매우 커진다.

교사에게는 이러한 부류의 아이들이 항상 문젯거리다. 학교 입장에서도 학교에 오지 않는 아이, 교사를 소진하게 하는 아이, 말썽 피우는 아이들은 골치 아픈 녀석들이다. 담배 피우고, 말 안 듣고, 공부 안 하는 아이들 역시 성가시긴 마찬가지다. 그런 아이 한 명에게 많은 에너지와 시간을 집중해야 하므로 다른 아이들을 잘 볼 수 없다는 이유에서다. 사실 잘하는 아이들은 그냥 둬도 알아서 잘해서 그 아이들에게는 뿌듯할 일이 더 많다. 그런 아이들이 많으면 더없이 좋겠지만, 세상은 꼭 그렇지만 않다. 신경 쓰이는 아이들에게 당연히 더 많은 시간을 할애해야 하는 것이 맞다. 시간과 노력을 n등분으로 할당하는 게 아니라 차이를 반영한 평등이 진정한 평등이다.

　하율이는 신학기인데 보름 동안 학교에 나오지 않았다. 가끔 나오는 날에도 어머니가 데려다주었다. 다른 사람의 시선이 신경 쓰여 대중교통도 이용하지 못했다. 특히 교문을 들어올 때는 가슴이 두근거릴 정도로 긴장된다고 했다. 초등학교 때 외모에 대해 비난을 받은 이후로 대인 기피증이 생겼기 때문이다. 중학교는 온라인 학습이 인정되어 무사히 졸업했지만, 등교해야 출석으로 인정되는 고등학교가 문제였다. 학교를 나와야 한다는 생각과는 달리 아이들이 많은 교실에는 한 발자국도 들여놓지 못하고 교실 앞에서 몇 번을 돌아섰다. 하율이는 아이들의 눈초리가 두렵다고 했다. 친구들이 좋으면서 관심을 받는 것은 싫은 양가감정(Ambivalence)에 시달렸다. 양가감정은 1910년 스위스의 정신의학자 오이겐 블로일러(Eugen Bleuler, 1857~1939)가 소개한 개념으로 두 가지의 상호 대립하거나 모순되는 감정이 공존하는 상태를 말한다. 하율이는 대인 기피증으로 병원 진료를 받은 지가 꽤 되었는데 회복의 속도는 매우 더디다고 했다. 학령기 초기의 발달 과정에서 또래 관계 문제로 인해 적응이 느리다 보니 해당

시기에 이뤄야 할 신뢰감, 안정감, 주도성과 같은 과제 달성의 지연과 미해결로 인해 이후 학교 부적응이나 또래 거부 같은 문제로 나타나게 된 것 같았다.

하율이가 처한 사정을 생각해서 학업중단숙려제에서 허용 가능한 기간을 최대한 활용했다. 그러나 출석 일수를 채우지 못해 하율이는 자퇴해야 했다. 자퇴는 스스로 학교를 그만두는 것이지만 이 경우엔 퇴학 처분을 면하기 위해 자퇴를 선택한 것이다. 나는 하율이가 학교를 졸업하지 못하면 고등학교 학력을 어떻게 취득할지가 걱정되었다. 대인 기피로 학교를 나오지 못하는 아이인데 검정고시를 보러 시험장에 갈 수 있을까? 하는 생각이 떠나질 않았다. 집에 그대로 있다가 안 나오게 되는 건 아닌지도 염려스러운 상황이었다. 이런 아이를 위해 일반계 고등학교에서도 온라인 수업이 가능하게 하는 것이 필요하다는 생각이 간절했다. 차라리 지금처럼 코로나19로 인해 온라인과 등교 수업을 병행하는 상황이라면 하율이에게 도움이 되었을 텐데… 안타까움이 컸다.

하율이는 티 나지 않게 아픈 아이다. 겉으로는 아픈 아이로 보이지 않지만, 상처는 마음 깊숙한 곳에 웅크리고 있었다. 몸이 아프면 당연하게 병원엘 가고 아픈 사람을 보면 걱정하는 마음이 절로 생겨 진심으로 위로의 말을 전하게 되는 것이 인지상정이다. 하지만 마음에 생긴 상처는 혼자 해결해야 한다. 감당하지 못할 무게를 혼자 도맡는 것이다. 오히려 내면의 상처로 인해 표출되는 행동이 사람들의 눈살을 찌푸리게도 한다. 그래서 보이지 않는 마음의 상처가 병을 더 키우는 경우가 많다.

학교가 상처받은 아이들을 어떻게 보느냐에 따라 그들의 삶은 크게 달라질 수 있다. 청소년 시기에는 사춘기를 통해서 육체적인 성장과 더불어 정신적 성숙의 기회가 주어진다. 부모를 떠나 권위 있는 교사의 말 한마디가 그들의 인생을 바꿀 수 있는 절호의 시기이기도 하다. 나는 학교에 있는 교원들이 생각하는 교육 철학이 중요한 이유도 거기에 있다고 믿는다.

몸이 아플 때 위로하는 것이 자연스러운 것처럼 마음의 상처가 있는 아이들을 아픈 아이로 인정해 주면 좋겠다. 난감한 대상으로 생각하기 이전에 마음의 상처가 나을 때까지 걱정하고 따뜻하게 위로해 주는 선생님을 아이들은 마음속 깊이 기억한다. 학창 시절에 좋은 추억으로 남아 있는 선생님이 많을수록 행복한 성인으로 자라게 될 가능성이 크다.

성적의 잣대로 평가하지 말자

문 앞에 놓인 커다란 상자를 보고 순간 기분이 좋았다. 퇴근할 때면 주문한 물건들이 문밖에서 나를 기다릴 때가 있다. 그날따라 고급스럽게 포장된 상자는 가슴을 설레게 하기에 충분했다. 내가 시킨 건가? 아님, 누가 보낸 건가? 생각만으로도 기쁨이 커졌다. 그러나 그 기쁨이 실망으로 바뀌기까지는 몇 초도 걸리지 않았다. 작은 상자 하나가 들어 있을 뿐인데 포장이 너무 과했기 때문이다.

안전하게 물건을 포장하는 것도 중요하지만, 내용물의 가치도 그에 못지않게 중요하다. 특히 객관적으로 가치 평가를 해야 하는 경우는 더욱더 그렇다. 형식 없이 내용만 추구하는 것은 성의가 부족해 보이고, 내용보다 형식에만 치중하면 나중에 실망하는 일이 생기기도 한다. 형식과 내용에 적절한 조화를 이루는 것이 필요하다.

  학교에서는 매년 정보 공시라는 것을 한다. 정보 공시는 교육의 질적 향상을 위하여 연간 계획과 지난 실적이 포함된 자료를 나이스에 입력함으로써 학교 정보를 온라인 사이트를 통해 공개적으로 알리는 것이다. 나이스는 교육 행정정보시스템으로서 입력한 내용 기록을 근거로 지난해와 비교할 수 있다. 작년의 상담 건수를 입력하면 컴퓨터는 전년도 실적과 비교해 퍼센트로 간단히 계산해서 알려 준다. 다 그런 것은 아니지만 이 숫자는 업무 담당자가 얼마나 일했는지를 알아보는 척도이자 비교의 잣대가 되기도 한다.

  상담 분야의 경우에는 실시한 상담 건수를 매달 입력해서 마감을 12번 반복하면 연말에 실적 통계가 집계된다. 그해에 얼마나 상담했는지를 비율로 알려 주는 것이다. 나는 올해의 정보 공시에서 전년 대비 실적이 10% 감소했다는 팝업 메시지를 받았다. 보통의 성적표를 받은 것 같아 기분이 좀 안 좋았다. 상담 건수는 어떻게 했느냐에 따라 1건이 되기도 하고 2건으로 잡을 수도 있다. 그러나 얼마나 양질의 상담을 하고 그 안에서 상대방과의 친밀감과 신뢰가 형성되었으며, 그 시간을 경청과 공감으로 충실히 보냈는가 하는 것은 측정되지 않는다. 정성적인 부분을 정량적으로 측정하는 것에 한계가 있는 게 사실이다. 통계는 중요하지만 실제로 그것이 모든 것을 말해 주지는 않는다. 그런데도 결과적으로 전년과 비교해 덜 한 것처럼 비치는 것에 의식하지 못한 한숨이 나왔다.

작년의 일을 다시 떠올려 보았다. 기억만으로는 확실치 않아서 일별 업무를 적어 놓은 바인더를 꺼내고 나서 상담 실적이 적었던 이유를 발견했다. 상담도 상담이지만 학생들을 대상으로 하는 생명 존중 교육, 정서·행동 특성 검사, 학업중단숙려제 운영, 비상설 동아리 지도, 또래 상담 및 게이트 키퍼 훈련, 바른말 캠페인 등 여러 차례 반복되는 일에 많은 시간을 할애했었다. 교내에서 진행하는 프로그램도 다양했다. 그중에서 이동 상담실, 칭찬 릴레이, 사과의 날, 시험 기원 어묵 데이 등은 이삼일 동안 지속되는 행사들이다. 특히 아이들과 함께 교외로 나가는 활동이 있을 때는 온 신경이 곤두서기도 했다. 킨텍스 프로그램 견학, 청소년 축제 부스 운영, 자전거 하이킹, 토요 산행, 요리사 체험 등 학생들을 인솔해 다녀온 날은 몸살이 나기도 했다.

숫자에는 함정이 있다. 몇 날 며칠을 준비하고 기안하기까지 한참을 더 고생하지만, 당일 프로그램을 진행하고 나면 실적은 1건 뿐이다. 그런 일을 모두 혼자서 추진하려면 사전의 준비 시간과 노력이 어마어마하게 들어간다는 것은 해 본 사람이면 안다. 성적도 마찬가지다. 어떤 사람을 평가할 때 판단의 기준을 제공하기도 하지만 절대적인 기준은 되지 못한다. 성적은 점수를 합산해서 평균과 퍼센트, 등위, 상대적 평가를 하는 통계다. 통계는 어떤 상황을 예측하고 현상을 분석하는 데 유용하지만 이처럼 유용한 통계의 결과가 모든 것을 말해 주는 것은 아니다. 영어 점수가 높다고 무조건 영어를 잘 하지 않듯이 말이다.

지성이는 고등학교 1학년 때 반장 선거에 나갔다. 공부를 잘하지 못해도 용기를 냈었다. 앉는 자리를 무작위 추첨해서 한 달에 두 번 배정하고 어려운 친구를 챙겨 주며 좋은 학급으로 만들겠다는 것 두 가지를 공약으로 내세웠다. 자신을 찍어 주는 사람이 한 명이라도 있을 거라고 기대했었다.

반장 후보는 모두 4명이었다. 성적순으로 추천받은 아이 두 명, 지성이를 포함해 자진해서 나간 아이 두 명이다. 투표 결과 성적으로 추천받은 아이 둘이 나란히 반장과 부반장이 되었다. 지성이의 투표 성적은 0표였다. 20명이 넘는 학급에서 자신을 지지하는 아이가 한 명도 없다는 것이 죽을 만큼 창피했다. 성적이 좋지 않아서 애들한테 무시당했다는 생각이 들었고, 투표 결과가 나온 뒤론 다들 자기를 불쌍하게 쳐다보는 것 같아 자존심도 상했다. 마음이 아팠고 눈물도 났다고 한다. 자퇴하고 싶은 생각이 마구 스쳤다. 차라리 반장 선거에 나가지 말 걸 그랬다고 자책했으나 우울감만 더할 뿐 아무 도움이 되지 못했다.

학년 초 반장을 뽑을 때는 공부 잘하는 아이가 유리한 경우가 많다. 아이들에 대해 파악이 안 된 이유도 있고, 성적이 좋으면 다른 것도 잘할 것이라고 기대하기 때문이다. 성적이 좋지 않다는 이유로 반장 후보 등록에서 제외되지는 않았으나 이 계기를 통해 성적 차별이 공식적, 비공식적으로 일어나고 있는 것을 확인하게 되었다고 했다.

지성이는 괜찮다고, 수고했다고 말해 주는 사람이 없어서 더 힘겨워했다. 선거에서 떨어진 것은 안타깝지만 어쩔 수 없는 일인데 마치 자신이 잘못한 것 같다는 생각에서 벗어나기 어려웠다. 탈락한 사람을 배려하는 문화는 학교에서도 찾아보기 힘들다. 승리한 사람만의 잔치에 가려져 낙방한 아이가 쓸쓸히 사라지는 것을 누구도 알지 못한다. 그게 더 지성이의 마음을 아프게 했다.

성적은 열심히 했다는 외적인 조건을 입증할 증명서로 작용하는 것을 부인하지 못한다. 공부도 잘하고 성실하고 자기 위치에서 헌신하는 모습까지 골고루 다 갖추면 더욱 좋지만, 숫자는 내면과 잠재력까지 설명하지 못하는 단점이 있다. 그래서 최근에는 친화력, 적응력, 공감 능력, 가치관, 긍정성 등의 요소가 더불어 중요해졌다. 이렇게 인재 선발 기준이 달라진 것은 조직 역량이 중요하기 때문이다. 역량은 무언가를 잘할 수 있는 능력으로서 남들과 차별되는 자신이 가진 강점 영역이다. 이러한 강점을 집단에서 조화롭게 발휘해야 한다. 부족한 성적은 교육을 통해 키울 수 있어도 인성과 적성은 한순간에 끌어올리기 어렵다. 학교에서 공부만으로 얻은 지식은 경험으로 쌓여 갈 지식에 비하면 그리 대단한 것이 아니다.

성적으로만 평가하지 말아야 한다. 성적이 좋다고 해서 실력마저 뛰어나다고 단순하게 말하기는 어렵다. 또한, 그 사람의 인성이나 자질, 잠재력에 대해서도 증명해 주지 않는다. 성적이 월등히 앞선다고 해서 무조건 인간성이 좋다고 말하기는 힘들다. 반대로 나쁘다고 해서 인성마저 안 좋다고 말하기도 쉽지 않다. 그러니 무엇이 우선이라고 기준을 세우기가 모호하다. 성적은 훌륭해도 대인 관계 능력이 부족해서 학교에서 자기만 안다는 이기적인 평가를 받는 아이들도 있다. 성적이 특출하지 못해도 친화력이 뛰어나서 사람들이 따르고 단합이 잘 되어 어느 반에서나 환영받는 아이도 있다.

어디서나 잠재변수가 숨어있을 가능성에 주의를 기울여야 한다. 잠재변수는 드러나 보이지는 않아도 개인의 특성을 간접적으로 이해할 수 있게 만드는 요소들을 뜻한다. 친화력, 적응력, 공감 능력, 가치관, 긍정성 같은 직접적으로 측정할 수 없는 것이 잠재변수다. 긴 안목으로 바라보면 숨어 있는 가능성이 여러 상황에서 인간의 능력에 큰 영향을 미치는 것처럼 성적의 편견에 현혹되지 않고 자신의 잠재변수도 함께 늘리기 위해 노력하는 것이 더 중요하다. 우리는 흔히 급한 일을 하느라 정작 소중한 것을 놓치곤 한다. 덜 중요한 급한 일 때문에 급하지는 않지만 정말 중요한 일을 미룬다. 학교에서도 장기적 관점에서 성적만이 아니라 학생들에게 잠재된 다양한 인간적인 능력들을 찾아내고 그 파이를 키워나가는 것에 우선순위를 두는 교육이 이루어져야 하겠다.

그 많던 빌리는 어디로 갔을까?

여름철 인천 문화 예술 회관에 가면 볼거리가 많다. 합창, 연극, 춤에 이르기까지 문화 공연이 가득하다. 특히 야외 광장에 마련된 대형 스크린으로 상영하는 영화나 뮤지컬을 보는 재미가 쏠쏠하다. 스크린 앞에 놓인 의자엔 주말을 이용해 밤바람을 쐬는 사람들이 앉아 있었다.

그날의 상영 프로그램은 「빌리 엘리어트」란 뮤지컬이었다. 가족들과 마실 나온 나는 부담 없이 뒤쪽 돗자리 존에 자리를 펴고 앉았다. 보는 내내 어린 배우의 연기는 놀라움 자체였다. 마지막 장면에서 성장한 빌리가 백조의 호수와 함께 비상하는 모습은 소름 돋을 만큼 감동적이었다. 빌리는 어떤 구박에도 기죽지 않는 빛나는 존재였다. 누가 주목해 주지 않아도 발레를 포기하지 않는 의지에 응원을 보냈다. 그리고 학교에 있는 수많은 빌리들이 자기가 원하는 일을 할 때 아낌없는 지지를 보내야겠다고 생각했다.

건우는 학교를 그만두고 글을 쓰고 싶어 하는 아이다. 중학교 때부터 학교에 있는 시간 외에는 책 읽기가 좋았다고 한다. 친구들과 어울리기보다 책을 더 가까이했었다. 글쓰기에 집중하는 시간을 늘리고 싶어도 낮에는 등교하고 밤에 글을 쓰려다 보니 두가지 모두 제대로 되지 않는다고 생각했다. 학교에 다니면서 기대하는 만큼 충분한 분량을 써내기가 여간 어려운 게 아니었다.

건우는 이미 상당 부분 글쓰기가 진행된 상태라고 했다. 자신의 인터넷 소설을 카페에 올리며 많지는 않아도 정기적인 구독자들로부터 피드백과 지지를 받는다고 했다. 책을 접하면서 자신의 행복이 중요하게 생각되었다고 말했다. 또한, 학교에서 배우는 교과목이 사회생활을 하는 데 꼭 필요한 것은 아니라고 여겨서 처음부터 고등학교에 가는 것조차 원하지 않았다고 했다. 그래도 학교는 졸업해야 하지 않겠느냐고 당부하는 부모님께 죄스러워 진학하게 되었다.

고등학교에 들어와서부터 적응하는 게 힘들었다고 한다. 조용하고 조심스러우며 작은 체구를 가진 건우는 자신을 막 대하는 친구들 탓에 스트레스를 받았고 교실에서 지내는 시간을 버틸 생각에 앞이 깜깜했다. '오늘은 또 어떻게 버티지!' 이런 생각을 하면 더는 학교에 다니고 싶지 않았다. 자퇴하고 집으로부터 독립할 생각까지도 하고 있었다. 모든 것은 자기가 결정하고 그것에 책임지는 거라며, 살아가는 게 어렵다고 하지만 자신이 좋아하는 일을 하면서 살 수 있을 거라고 자신 있게 말했다. 학교에 대해 말할 때의 굳은 표정과는 달리 글에서는 힘을 얻는 것처럼 보였다.

나는 건우가 이미 마음을 굳혔고 자기 의지를 실행에 옮길 뿐만 아니라 잘 헤쳐나갈 에너지도 있을 것으로 생각되었다. 그래서 건우에게 지금은 계획에 따라 차근히 나아갈 수 있도록 들어주는 것이 필요한 상황으로 판단된다고 언급하자 자신을 응원하는 말이라며 환하게 웃음 지었다. "미리 사인을 받아 놔야 하는 거 아냐?"라는 나의 가벼운 농담에 정말 서명이라도 해 줄 듯 시늉을 보이기도 했다. 내가 아이를 설득한답시고 진부한 소리만 늘어놨더라면 관계조차 깨졌을지도 모른다. 하고 싶은 일을 반대한다고 해서 하려는 마음마저 사라지게 하지는 못한다. 오히려 잘못된 길로 들어서지 않도록 옆에서 말로라도 도움을 주는 것이 현명한 일이라고 생각했다.

나는 건우에게서 빌리의 그림자를 느꼈다. 자신이 하고 싶은 것을 찾았다고 말하는 건우의 얼굴에 기쁨과 결연한 의지가 빛나는 것을 발견했기 때문이다. 내 마음도 환해지는 것 같은 기분이었다. 아이는 가야 할 미래를 머릿속에서 이미지로 그려 내는 것으로 보였다. 순간 내 아이라도 그랬을까? 하는 생각이 스쳤다. 내 아이가 아니라서 그런 건 아닌지 되돌아보았다. 남의 일이라고 편하게 말한다는 핀잔에서 자신도 자유로워야 한다. 그래야 학생들의 마음을 제대로 읽을 수가 있기 때문이다. 나 또한 전공을 내려놓고 다른 것을 선택해야 했던 힘든 시절을 보냈다. 그랬음에도 불구하고 아이를 응원하는 태도임을 확실히 알아차리는 데 오랜 시간이 걸리지 않았다.

학교를 그만두고부터는 스스로 무엇인가를 찾아 떠나는 여정의 시작이며 자신의 행로를 개척해야 하는 험난한 고비가 기다리고 있다. 주변의 지지와 응원이 있다 할지라도 자신이 감당해야할 어려움은 혼자서 짊어져야만 한다.

뒤늦게 찾아온 갈등 때문에 규민이는 괴로웠다. 주위에서도 다들 의아해했다. 부모가 원하는 대로 공부도 잘하고 안정된 직업을 선택할 수 있을 것처럼 보였기 때문이었다. 열심히 하고 있고 성적은 최상위권이며 이대로라면 웬만한 대학의 기초 과학 분야의 원하는 학과에 들어갈 수 있을 것으로 사람들로부터 평가받았다. 부모와 학교의 기대를 한 몸에 받았고 규민이도 부모의 기대에 부응하려고 노력했다. 하지만 어느 순간 규민이는 왜 그렇게 해야 하는지 이유를 알지 못하겠다는 생각이 들었다고 했다.

학교 수업마저도 자신과 동떨어져 있다고 느꼈다. 선두권 다툼이 싫었고 상대 평가인 내신 등급도 신경 쓰였다. 타인에 의해 자기 성적이 매겨지는 것에 대해 거부감이 들었다고 했다. 규민이는 그런 경쟁이 부담될 뿐만 아니라 사회적 눈높이를 맞추기 위해 학교에 다니는 것도 내켜 하지 않았다. 입시에 매달리면서 사회성마저 잃어 가고 있다며 한숨지었다. 이런 생각들이 머리에서 떠나지 않고 규민이를 괴롭혔던 모양이다. 주위 사람들이 원하는 방식대로 따라가야 하는 현실에 힘들어하던 규민이는 결석이 늘어났고 생각이 많을 때는 말 없이 학교를 이탈했다.

규민이에게 있어 가장 큰 문제는 부모와 자신의 의견 차이로 인해 진로가 정해지지 않았다는 것이었다. 부모, 교사, 친구까지 다들 규민이를 이해하지 못했다. 성적이 좋았기에 가고 싶은 대학과 전공을 정했을 것으로 보였을 뿐 아니라 그 정도의 성적이면 좋은 대학에 합격하여 학교의 명예도 드높일 수 있는 수준이라고 생각했기 때문이다. 집중하지 못하고 헤매는 규민이를 보며 촉망되는 미래를 발로 걷어차는 것 같아서 모두가 애를 태우고 안타까워했다. 교사와 부모가 아이를 설득해도 소용이 없었다. 아이는 여전히 갈등하고 고민 속에 있었다.

규민이는 부모가 요구하는 전공과 달리 원하는 것이 있었다. 공부하면서도 늘 머릿속에서 떠나지 않고 하고 싶었던 것은 음악이었다. 평소에 취미로 작곡을 하다가 최근에 음악 학원에 등록했다. 아이는 수업이 끝나면 곧바로 학원에 갔다. 쉽지 않은 결정이지만 자기가 하고 싶은 일을 하기로 마음먹은 것이다. 기초 과학에서 음악으로 진로를 돌리면서 이미 마음은 학교를 떠나 있었다. 본인도 다시 돌아오기 힘들 거라고 말했다.

자기 혼자만의 길을 가는 아이들 대부분은 주변으로부터 지지와 지원을 받지 못해 모든 것이 힘겹다. 게다가 차별과 따가운 시선이란 더 큰 짐을 지고 있는 게 현실이다. 어른들은 자신들의 인생 경험을 내세우며 이미 확인된 길을 가야 한다고 설득한다. 학교를 그만두는 아이들은 가족과 학교의 인정을 받지 못하는 경우가 열에 아홉은 된다. 의지를 갖고, 무엇인가를 하려면 주변의 반대와도 싸워야 한다. 끊임없이 자신을 설명하는 수심 어린 얼굴이 마음의 무게를 충분히 짐작게 했다. 어른들은 아이가 하고 싶은 것을 위험한 것으로 생각하는 경향이 심하다. 심지어 그들의 길을 가지 못하게 부모의 생각을 강요한다.

우리 사회는 그 많은 빌리를 어떻게 대하고 있는가?

자신의 길을 갈 때, 자신을 이끄는 것은 적성이다. 힘겨운 고난도 이겨 내게 만드는 것이 바로 그것이다. 원하기 때문에 기꺼이 그 길을 가게 한다. 좋아하기 때문이란 이유만큼 강력한 무기는 없다. 그 안엔 실패도 포함되어 있다. 좋아했기 때문에 실패도 감수하고 다시 좋아하는 일을 해 나갈 수 있는 것이다. 그러므로 개인의 적성을 무시하지 말아야 한다. 누구나 자신이 가는 길이 자기 삶이기 때문이다.

적성이 중요한 이유는 무수히 많겠지만 나는 두 가지를 꼽고 싶다.

첫 번째는 끈기를 가지고 오래 기다릴 수 있다는 점이다. 무언가를 이루기 위해서는 오랜 시간을 기다리는 끈기가 필요하다. 적성은 힘든 시간을 견디며 끝까지 할 수 있게 하는 데 필수적이다.

두 번째는 실패도 딛고 일어서게 하는 생명력이 있다는 점이다. 인생에는 연속적이지 않은 일도, 한 번에 끝나는 일 또한 없다. 한 번에 성공하기는 어려워도 실수나 실패는 수없이 많은데 적성은 실패 속에서도 다시 일어서서 걸어가도록 하는 생명력이 된다. 끈기와 생명력은 행복한 인생을 살아가는 데 매우 중요한 요소이기도 하다.

앤젤라 더크워스(Angela Duckworth, 1070~)의 저서 《GRIT(그릿)》에서는 성공하는 사람들의 공통점으로 '그릿'을 말하고 있다. 책 내용에 의하면 능력도 중요하지만, 성공에 이르기 위해서는 끈기 있게 노력하는 것이 필요하다는 것이다. 적성을 중요시하는 사람은 이미 두 가지 요소 끈기와 생명력을 가지고 있는 사람이라고 할 수 있다.

학교의 허파, 학업중단숙려제

유진이는 아슬아슬하게도 마지막 하루를 남기고 졸업했다. "선생님 아니었으면 고등학교도 졸업하지 못했을 거예요." 유진이 어머니는 우리 애처럼 힘들게 한 아이는 없을 거라면서 여러 번 고개 숙여 인사했다. 유진이는 숙려제 7주를 꽉 채워서 출석 인정 결석을 받았다. 하루만 더 결석했어도 졸업하지 못 할 뻔했으니 담임교사와 나는 외줄 타는 광대를 보는 듯 마음을 졸였다.

'출석 인정 결석'은 결석을 했지만, 출석으로 인정하는 것이다. 가능한 범위를 정해서 그 사유에 해당하는 경우엔 결석하지 않은 것으로 처리하기로 정했기 때문이다. 학교에 다니는 것을 고민하는 아이와 부모가 깊이 생각할 시간을 제공하는 학업중단숙려 기간 동안 출석으로 인정해 주고 있다. 숙려제를 통해 계획 없는 학업중단을 줄이려고 하지만, 학업중단을 고민하는 아이들은 오히려 늘고 있다.

오늘도 학업중단숙려제 신청이 들어왔다. 도훈이는 부모가 허락했다며 학교에 다니지 않겠다고 했다. 학교가 다니기 싫은 도훈이는 공부를 알아서 잘할 테니 학교를 그만두게 해달라고 여러 번 졸랐다. 드디어 부모의 허락이 떨어진 것이다.

숙려제 신청이 들어오면 몇 가지 단계를 거친다. 제일 먼저 하는 일은 아이를 만나 보는 일이다. 무슨 이유로 학업을 중단할 생각을 했는지, 그것이 가져다줄 영향에 대해 고려해 봤는지, 어떤 계획이 있는지 등 생각을 들어 주기 위함이다. 학교에 다니지 않으려는 진짜 속마음을 확인하는 것이 가장 큰 목적이다. 핵심적인 이유를 알면 그에 맞는 도움을 줄 수 있기 때문이다.

도훈이는 학교에 있는 시간이 아깝다고 했다. 학교 다니는 시간에 공부에 전념하고, 나머지 시간엔 아르바이트하며 대학 입학 시험을 준비하겠다고 말했다. 난 고개를 끄덕이며 도훈이가 계속 말하도록 했다. 대화하는 시간이 지날수록 도훈이는 조금씩 다른 말을 했고, 학교를 그만두어야 할 이유도 일관성이 없는 것으로 들렸다. 학교를 그만두고 혼자서 공부하겠다고 말했지만 자기 주도적인 학습 계획을 세우고 있지 않은 것 같았다. 그래서 난 학교에 다니지 않으려는 심층적인 이유가 더 있을 것으로 추측했다. 하지만 이미 부모가 동의하고 신청서를 제출한 상태라 학업중단 숙려제를 시작하기로 했다.

학업중단을 희망하는 아이와 면담이 끝나면 다음으로 학업중단 예방 지원팀 회의를 소집한다. 여기서 아이의 상황을 사정하고 숙려 기간을 협의하고 계획도 세운다. 도훈이에게 일주일의 숙려 기간이 주어졌다. 그중 하루나 이틀은 학교나 관계 기관에 가서 상담이나 프로그램에 참여하는 것으로 출석을 인정받게 된다.

도훈이를 두 번째 만난 날이었다. 반가운 얼굴로 안부를 나누고 학교 나오지 않는 시간에 어떻게 지냈는지를 물었다. 도훈이는 난처한 듯 머리를 한 번 만지더니 숙려제에 들어가기 전에 약속한 계획대로 하고 있지 못했다고, 솔직히 지킬 생각이 없다고 양심선언을 했다. 그냥 학교에 나오는 것이 싫었고 조금은 공부할 생각이지만 돈 버는 일을 하고 싶다고 마음속에 품고 있는 생각을 숨김없이 말했다. 나는 이것이 아이의 진짜 마음이라고 생각했다. 도훈이한테는 구체적인 계획이나 확고한 의지가 아직은 부족해 보였다. 결정은 본인이 하는 것이지만 지금은 학업을 중단할 시점이 아니라고 판단했다.

설득에 필요한 객관적인 자료를 얻기 위해 도훈이에게 검사를 통해 무엇을 알 수 있는지를 설명한 후 동의를 얻어 검사를 진행했다. 기질과 성격 검사인 TCI(Temperament and Character Inventory)는 일반적으로 많이 하는 심리 검사다. 나는 사고방식과 행동 패턴 등에서 충동성 여부와 실행 가능성 등을 가늠할 수 있어 이 검사지를 자주 사용한다. 결과 해석에 대해 고개를 끄덕이는 것을 보면 그동안 진지한 학습 계획이 없는데도 할 수 있다고 장담한 것과 약속을 잘 이행하지 않은 것 등도 어떤 면에서는 스스로 예견하고 있었는지도 모르겠다.

단지 가고 싶은 대학에 들어가는 것만을 목표로 공부한 아이들은 아이러니하게도 목표를 이루는 순간 삶의 의미를 잃어버리고 만다. 대학에 입학한 것으로 자랑스럽고 행복할지 모르지만, 인생을 멀리 보고 계획한 사람과는 다르다. 시간을 두고 생각해야 하는 일임에도 불구하고 구체적인 계획이 없는 상황에서 중요한 것을 급하게 결정하려는 아이들이 많은 것은 안타까운 일이다.

은성이는 게이머가 되겠다며 학업중단숙려제를 신청했다. 고등학교 2학년인 은성이는 게임이 적성에 맞는다고 말했다. 학교에서 수업받는 그 시간에 차라리 게임을 하는 것이 미래를 위해 더 나은 일이라고 생각하고 있었다. 부모가 허락하지 않자 결석하기 시작했다. 출결이 나빠지면 퇴학을 당할 수도 있어서 결석일 수가 연속 7일이나 합산 30일이 넘어가기 전에 학업중단을 예방하기 위해 숙려제를 권하기도 한다.

인식이 바뀌고 있다고는 하나 아직도 게이머를 하겠다는 것을 지지해줄 사람은 많지 않다. 나는 은성이가 반대만 하는 사람들 주변에서 심적으로 힘겨울 거로 생각했다. 나라도 관심을 보여주고 싶어서 은성이와 두 번째 만난 날에 들어가고 싶은 프로 구단이 있는지를 물었다. 그러자 은성이는 신이 나서 얘기했다. "은성이가 생각하고 있는 구단에 대해 자세히 설명하는 것을 보니 많이 알아봤구나."라며 노력을 알아주자 은성이는 자신의 확고한 의지를 드러냈다. 나이로 보면 조금 늦은 감이 있지만, 자신의 꿈이 가능할 것으로 확신했고 실력에 대한 자부심도 내비쳤다.

은성이는 자신의 정보가 거의 확실하다고 믿는 것 같았다. 부모나 교사의 말에도 귀를 기울이지 않았으며 부모의 우려에도 게이머가 되겠다는 생각만큼은 변함이 없었다. 게임을 하고 싶은 생각에 누구의 말도 들을 상태가 아니라고 판단되었다. 그래서 나는 이번 숙려 기간 동안 게임 전문가를 만나 보고 게임 대회에 참가하는 것을 제안했다. 게임 대회는 본인이 신청하고, 난 프로 게임 구단 관계자를 잘 아는 지인을 소개해 주기로 했다. 오 대리는 게임업계에서 근무하는 까닭에 실질적으로 도움이 되어 주리라는 생각이었다.

은성이는 대회에 참가하지 않았지만 오 대리와 많은 대화를 나누었다. 오 대리와의 대화 후 확실하다고 믿었던 자기 생각에 흔들림이 있었던 것으로 느껴졌다. 많이 혼란스러워하는 눈치였다. 당장 학업을 중단할 것처럼 나왔던 은성이는 마음을 정하지 못했다. 생각을 정리할 시간이 더 필요하다고 했다. 내가 도울 수 있는 일은 학업중단숙려제를 한 번 더 연장할 수 있도록 지원팀 회의에서 은성이의 상황을 설명하는 것이었다.

전문가들은 숙려제가 어느 정도 역할을 하고 있지만, 실효성이 떨어진다고 지적한다. 학업 복귀율이 3년 연속 하락하고 있고 학업중단자 수도 점차 증가해서 학업중단숙려제 의무 시행 전의 비율로 돌아갔다. 현장에서는 이를 악용하는 사례가 늘어나 대책을 마련해 주길 바라며 학업중단숙려제를 개선해야 한다는 목소리 또한 높다.

나도 그렇게 생각한다. 전문가들이 우려하는 목소리에 주의를 기울여야 하는 건 맞다. 내실화를 위해 노력할 과제임도 분명하다. 학교에 다니는 것이 힘들어 쉬고 싶은 아이들이 요령을 피우거나, 부모가 졸업 가능한 출석 일수를 채우기 위해 숙려제를 자녀에게 옳지 않게 사용하는 경우도 있다. 하지만 여기서 말하는 실효성과 내실화가 학업중단을 전제로 숙려제를 제공하자는 의미는 아닐 것이다. 악용하는 아이들을 가려내기 위해 마련한 기준에 정말 힘든 아이까지 걸러지길 원하는 것 또한 아니리라. 학업중단을 예방하는 기본 취지를 살리고 나머지를 보강하자는 의미라고 이해하더라도 방점은 아이들의 입장을 고려한 예방에 있다는 사실을 명확히 하는 것이 필요하다.

교육부는 '모든 아이는 내 아이'라는 구호를 내걸고, 교육청도 '단 한 명이라도 포기하지 않는 교육'을 추구하고 있다. 한 아이도 놓치지 않겠다는 굳은 의지를 보이는 것이다. 학교가 힘들다는 아이들에게 숙려 과정을 거치도록 하는 것은 매우 중요한 일이다. 앞서 전문가들이 우려하는 문제를 개선하기 위해서는 기준을 엄격히 적용할 것이 아니라 교육부, 전국 시도교육감협의회, 교육청, 지원청 그리고 학교와 지자체가 연계된 체계적인 네트워크 시스템을 구축하는 것이 우선되어야 한다.

학교를 답답해하는 아이들에게 숨 쉴 공간을 만들어 주는 숙려제는 꼭 필요한 비상구다. 학업중단에 대해 깊이 생각해 볼 시간을 주고, 조건을 이행하면 결석한 것도 공식적으로 출석으로 인정해 준다. 그 때문에 학교를 졸업하지 못할 처지의 아이가 졸업하고, 학교를 그만두고 싶었던 아이가 위기 시에 급히 대피할 수 있는 출구가 되기도 한다. 학생들이 학업을 중단하고, 퇴학당하는 것을 지켜보고 싶은 사람은 아마 없을 것이다. 힘들어서 그만두려 했던 단 한 명의 학생이라도 학업중단이 섣부른 선택이었음을 깨닫는다면, 충분한 가치가 있는 일이지 않을까?

학업중단숙려제는 아이들이 숨 쉬는 보고가 되어야 한다. 아이들에게 숙려제의 사용 기회를 제한하기보다 휴식 기능을 확대해서 심리적인 문제를 겪는 아이들에게 이르기까지 쉬어갈 수 있게 제공해야 한다. 일선 학교가 학업중단숙려제를 원활히 사용하기 위해 교육부는 위기관리 시스템이 잘 작동하게 만드는 것에 신경을 더 써야 하겠다. 각 지역의 교육청은 지자체와 학교 프로그램을 연계하고, 숙려 기간에 대상 학생이 학교 밖에서 지내는 기간에 대한 안전 관리에 더 철저해져야 한다.

도전하는 아이가 되게 하자

오래전에 방송 리포터로 활동한 적이 있었다. 그날은 번지 점프를 소개하는 프로그램을 촬영하는 날이었다. 바닥에 일 미터 높이의 에어 매트가 깔려있고 점프대로 올라가는 나선형 사다리 위에는 스펀지 기둥처럼 생긴 안전장치도 마련되었다. 안고 뛰어내리면 의지가 될 것이었다. 그런데도 나는 겁을 먹었다. 완전히 얼었다는 표현이 적합할 것이다.

현장에는 영상을 찍는 ENG 카메라가 있다. 게다가 얼굴만 비추는 카메라가 달린 특수 헬멧도 썼다. 점프하는 동안의 표정이 그대로 녹화될 것이다. 나는 캠코더와 비슷한 형식인 ENG 카메라가 돌아가고 초읽기가 끝나도록 한참을 망설이다 뛰어내리지 못한 채 점프대에서 주저앉고 말았다. 결국, 여러 차례 눈물 콧물과 함께 나락으로 떨어지는 두려움을 느낀 끝에 촬영은 끝이 났다. 모양 빠지게 촬영을 마쳤지만, 마음만은 다시 평온한 상태로 돌아왔다.

무엇이 두렵다고 느끼면 대부분은 주춤하거나 회피해 버린다. 살아가면서 여러 차례 그런 상황에 맞닥뜨렸던 경험으로 배운 행동일지도 모른다. 이런 행동이 위험으로부터 안전하게 만들었을 것이기도 하다. 그러나 회피하지 못할 상황이라면 두려움에 맞서 행동해야 하는 경우가 많다.

아이들에게 성장은 그 자체가 도전이다. 익숙한 것에서 벗어나는 일은 누구에게나 두렵다. 새 학년으로의 진입은 설렘의 시작임과 동시에 낯선 사람들과 이전에 하지 않았던 것을 하게 될 것을 의미한다. 성장의 과정에서 어떤 일이 일어날지 예측하지 못하고 안전이 담보되지 않은 일들도 생긴다. 이런 것들이 시작을 두렵게 하는 원인으로 작용하는 것이다.

윤재는 새로운 것을 시작하기를 두려워한다. 실수하고 실패할까 겁나고, 부모에게 혼날 것을 미리 걱정했다. 애들로부터 놀림거리가 되지 않을까 하는 우려가 어릴 때부터 마음 깊이 깔렸었다. 그래서 늘 안정적이고 똑같은 행동과 반복되는 일을 좋아했다. 새로운 도전이나 모험은 생각으로만 끝나고 실제로는 일어나지 않았다. 시도하는 것은 없는데 끊임없는 걱정과 고민으로 불행하다고 말했다.

겁이 많은 아이들은 무엇이든 시작할 때 두려워하고 결정하지 못하며 스트레스를 받는 것이 특징이다. 어떤 일을 시작하는 것에 대한 두려움이 매우 크다면, 높은 위험 회피 성향을 지닌 아이일 수 있다. 윤재는 공부보다 기술을 배워 보고 싶지만, 환경의 변화가 가져다줄지 모를 안 좋은 일을 더 크게 걱정했다. 오랜 숙고 끝에 하지 않는 것이 최선이라고 생각했다. 그러면서도 그 결정에 대해 곱씹으며 마음을 정하지 못했다.

도전하려는 마음을 갖는다는 것은 성공 보상만으로 되는 것은 아니다. 실패의 가능성과 대가도 충분히 감당할 만하다는 판단이 있어야 가능한 일이다. 한 연구는 '부모의 심리적 통제가 청소년의 비합리적 신념을 강화해 이를 통해 우울 및 불안에 영향을 미친다.'라고 연구결과를 발표했다. 성장 과정에서 불안이 전이되고 통제받는 일이 거듭되면서 내면화된 것임에도 불구하고 마치 자기에게서 나온 것으로 인식하는 것이다. 그러므로 실제와 다른 착각을 진짜라고 생각하는 경향이 나타난다. 윤재는 자기 생각이 너무도 당연해서 합리적이지 않을 수 있다는 것조차 알지 못했다.

비합리적인 생각을 바꾸는 일은 매우 중요하다. 미국의 심리학자 앨버트 엘리스(Albert Ellis, 1913~2007)는 비합리적 생각이 목표를 이루는 데 방해가 되며, 있는 그대로의 자신을 받아들이길 거부한다고 지적했다. 더불어 좌절을 인내하는 힘도 부족하게 만든다. 자신감은 자신이 있다는 느낌으로, 이를 얻으려면 자신이 뭘 잘하고 뭘 못하는지에 대해 정확히 인식하는 것이 필요하다. 여기서 중요한 것은 잘한다는 기준이 주관적인 생각에 달려 있다는 점이다. 남들은 잘하는데 자신은 예외라고 생각하면 작은 실패에도 자신감을 잃는다. 객관적 사실 때문에 혼란스러운 것이 아니라 그 사실에 대한 자신의 반응으로 인해 혼란스러워하는 것이다. 이러한 심리적 혼란을 인식하는 연습을 하면 큰 도움이 된다. 비합리적인 생각들이 일어나는 상황과 감정, 행동 등을 구분하여 인식하는 연습을 꾸준히 함으로써 자신의 사고 패턴을 변화시킬 수 있기 때문이다.

완벽한 인생이란 것이 있기나 할까? 만족의 기준이 다를 뿐 인생에 완벽은 없다. 그러므로 잘해야 한다는 부담스러움을 내려놓으면 실패에 대한 두려움에서 벗어날 수 있다. 번지 점프를 앞둔 나도 마찬가지 상황이었다. 내가 뛰어내리지 못하면 이 촬영은 실패로 돌아간다. 모든 것이 나에게 달려 있었다. 어떤 이유로든 피할 수 없는 상황임을 받아들여야 했다. 카메라를 향해 멋지게 손가락 브이를 보이며 뛰어내리지 않아도 된다는 생각이 들자 한결 마음이 편해졌다. 얼굴 카메라가 망가지는 내 모습을 가감 없이 찍도록 내버려 두자고 생각했다. 시청자들에게는 단지 웃음을 주는 에피소드에 지나지 않을 것이라고 자신을 스스로 달랬다. 마음이 가벼워지자 부담이 줄어들었다.

이런 사실들은 번지 점프에 도전하는 과정에서 알게 되었다. 이것저것 새롭게 시도해 보고 평가하고 적절한 피드백을 받은 경험이 많을수록 자신감도 뚜렷해진다. 시작에 대한 두려움이 줄면 더 많은 시도를 할 수 있게 될 것이다. 이미 아이들은 성장하면서 이를 알게 모르게 실천하고 있다. 비합리적 사고를 인식한 아이는 어른들이 생각지 못한 일을 해내기도 한다.

우리 사회가 점점 실수할 기회를 제공하지도, 실수를 여유 있게 수용하지도 않는 것같다. 과거로 돌아가 어릴 적 두려움에 사로잡혀 어쩔 수 없이 결정을 내렸던 때를 떠올려 보자. 대부분 그 상황에서 생기는 두려움을 두 눈 질끈 감고 참아낸 경험이 있을 것이다. 그뿐만 아니라 도전하는 태도는 다른 방식의 어려움을 헤쳐나가는 데에도 유용하다는 것을 알고 있다.

도전하는 아이가 되게 하자. 도전해서 성공하길 바라는 마음이 큰 만큼 두려움도 큰 것이 사실이다. 걱정만 하는 아이라면 자신을 덜 믿어서 그럴 것이다. 아주 작은 것에서부터 큰 것에 이르기까지 끊임없이 도모하게 도와야 한다. 시도가 계속되어도 달라지는 것이 보이지 않으면 불안이 느껴질 것이다. 하지만 인생은 그 불안정한 가운데에서도 꾸준히 걸어가는 것이며 자신에게 하찮은 도전이란 없다. 그러므로 아이들이 시도하다 포기한다고 해도 나쁘지 않은 일이다. 그러나 무엇이든 행동으로 시작하지 않으면 어떤 일도 일어나지 않는다. 결국, 다양한 일을 시도해 보는 수밖에 없다. 그것이 도전해야 하는 이유 중 하나이다. 생각만으로도 부자나 유명인이 될 수 있다. 하지만 실현하려면 현실에서 도전해야 한다. 아이들은 놓친 무언가를 도전의 과정에서 찾아낼 수 있게 될 것이다.

책에서 답을 찾을 수 있도록 하자

독서하기 좋은 계절인 가을이 저만치 오고 있다. 요즘 학교에 있는 나무 아래의 그늘은 제법 시원해서 오랜 시간 머물게 된다. 나뭇잎으로 햇빛이 내려와 투명하게 비친 여린 잎맥을 보고 감탄하고 있는데 쉬는 시간이 되자 우르르 아이들이 몰려나왔다. 그 중의 학생 두 명이 내 옆에서 이야기꽃을 피우기에 우연히 귀동냥하게 되었다. 언뜻 듣기로는 역사에 관한 대화인 것 같았다. 코로나19나 페스트에 관한 이야기도 했었다. 그러면서 가짜 뉴스가 너무 많다고도 말하는 것이었다. 하지만 정확한 내용은 알 수 없었다. 대화가 통하는 듯하던 둘은 종소리에 다시 교실로 들어가 버렸다.

나는 아이들이 나눈 이야기를 듣고 책을 통해 해박한 지식을 갖춘 친구가 떠올랐다. 가끔 어수선한 세상에 관해 물으면 내가 알지 못하는 이야기를 들려주곤 했다. 듣다 보면 머릿속에 있는 작은 지식이 꿰어져 깨달음이 생겼다.

지난해 나는 학교에서 상담과 관련된 자율 동아리를 지도했었다. 동아리원 전부가 상담을 전공하려는 3학년 학생들이었다. 아이들이 책을 선정하면 나는 책 내용에서 자신이 본 것, 깨달은 것, 적용할 것을 나누어 읽게 했다. 각각의 첫머리 글자를 따서 책 읽기 프로젝트명을 '본·깨·적'으로 정했다. 본·깨·적을 통해 서로 소통하고 다양한 시각을 나누는 책 읽기가 학문을 좋아하는 어른으로 성장하게 하는 기반이 되어 주기에 충분하다는 것을 체험했다. 토머스 칼라일(Thomas Carlyle, 1795~1881)의 명언 "책에는 모든 과거의 영혼이 가로누워 있다."라는 말은 지금까지 인류의 삶을 발전시키고 지탱해 온 것이 책의 힘임을 강조하는 것으로 생각했다.

사람은 자신이 아는 것 이상으로 클 수는 없다. 그만큼만 보이기 때문이다. 읽은 대로 만들어지고 경험으로 만난 세상의 크기가 자기 세계의 크기가 되는 것이다. 책에서는 직접 경험하지 못한 많은 것을 얻을 수 있다. 지식을 얻고, 즐거움을 얻고, 마음의 상처를 치유하기도 한다. 지식을 넘어 자신의 행복한 삶을 가꾸도록 지혜를 제공하는 훌륭한 멘토가 된다.

학교에 다니지 않으려는 아이들은 공부를 잘하든 못하든 학업과 관련이 많다. 특히 성적이 낮은 아이는 학교가 자기와 맞지 않는다고 섣부른 판단을 하기도 한다. 수업 시간에 알아듣지 못한 채로 앉아 있는 것에 자존심이 상했을지도 모른다. 교과서가 얇아지긴 했지만, 내용이 함축되어 있어 배경지식이 많은 아이가 유리한 것은 마찬가지다. 교과서에 쓰인 글만으로는 맥락을 이해하기 어렵다. 학생 자신이 다른 경로를 통해 교과서의 행간을 보충하거나 조력자의 도움을 받아 채워야 한다. 행간이 메워지면 아는 게 탄탄해진다. 알면 그만둘 것 같지만 실제로는 호기심이 더 생기는 것을 경험할 수 있다. 깊이를 더할수록 자기만의 흥미로운 세상을 여는 '기쁨'이란 보상은 누가 주는 것이 아니라 자신이 느끼는 까닭이다. 많이 아는 사람이 더 알기 위해 공부하는 것과 같은 이치다. 실수와 정체가 반복되는 상황에서 벗어나지 못하는 그런 아이들에게도 책은 많은 힌트를 제공해 줄 수 있다.

자신이 처한 문제 상황을 해결할 실마리를 타인의 삶을 통해 얻을 수 있다. 마찬가지로 다른 사람이 쓴 글에서 얻어 낸 꿈일지라도 자신 속에 그런 가능성이 있다면 자기 것이 될 수 있다. 진정으로 원하는 꿈을 꾸게 하는 욕구와 갈망이 가슴 속에 잠재되어 있다면 말이다. 잠자고 있는 꿈을 깨워야 한다. 나 역시 그런 경험이 있다. 오래전 지인의 친필 사인이 들어간 저서를 받기 전에는 작가가 되겠다는 꿈은 내 안에 없었다. 다른 사람의 일로만 여겼던 것이 내 안에도 존재한다는 사실을 발견하면서 꿈을 꾸었고 현실이 되었다. 책을 쓰는 것과 읽는 것 모두 꿈과 희망의 싹을 심는 선물이 된다. 누구나 이런 혜택을 받을 수 있다. 책은 관심 있는 분야의 지식을 습득해 전문가로 탈바꿈하게 해 준다.

그렇다면 아이들이 책을 읽어야 할 구체적인 이유는 무엇일까? 청소년들, 특히 학교를 그만두려고 고민하는 학생들에게도 책은 언제, 어느 곳에서나 조언해 주는 든든한 길잡이다. 만일 이들이 책 읽기를 한다면, 다양한 긍정적 효과가 있을 것이다.

아이들이 책을 읽어야 하는 이유 세 가지를 설명하면 다음과 같다.

첫째, 책은 지금의 자신을 있는 그대로 비춰주는 마음의 거울이다. 청소년기는 자신의 존재를 확인해 가는 시기이다. 자기가 누구인지에 대한 답은 결국, 자신의 삶을 꾸려 나갈 가치관이자 신념이다. 존재에 관한 질문 속에 어떻게 살 것인가가 내포되어 있다.

둘째, 책은 어둠을 훤하게 밝혀주는 등불이다. 책에는 아이들이 시련을 이겨 낼 조언을 얻고 용기를 내게 하는 힘이 있다. 정체되고 어떻게 해야 할지 모를 때 책에서 만난 글에서 깊은 의미를 깨닫고 자신의 한계를 딛고 일어나 내일을 준비하는 지혜를 얻는다.

셋째, 책은 다양한 삶이 있음을 알게 하는 나침판이다. 타인의 말에 귀 기울이고 자기 생각과 비교하며 틀림이 아닌 다름도 확인할 수 있다. 같은 책을 보고 다양한 생각이 가능하다는 경험을 하며 상대를 이해하는 마음을 갖게 됨으로써 자신의 삶에 충실하게 하는 장점이 있다.

아이들이 책에서 답을 찾을 수 있도록 하자. 책을 펴는 것은 변화를 가져오는 일이다. 그러다 보면 읽어 내는 습관의 힘을 얻게 된다. 적극적인 방식으로 책을 펼쳐 본다는 것은 내가 알고 있는 세상 너머의 세계를 만나는 것이며, 다른 사람의 삶을 알아보겠다는 의지다. 변할 수 있다는 믿음과 꾸준히 무엇인가를 할 수 있다는 자신감. 그래서 내가 뭘 잘하고 뭘 못하는지에 대한 정확한 구분이 생긴다. 이는 도전을 망설이지 않고 미래의 가능성을 믿게 할 것이다. 변할 수 있다는 믿음을 몸으로 느끼고 삶을 대하는 태도가 이전과 달리 변화를 가져온다면 살아가면서 큰 힘을 발휘할 수 있다. 그러므로 학교가 책에서 답을 찾을 기회를 지속적으로 제공해 주는 것이 중요하다. 책을 매개로 이야기를 꾸미고, 연극을 하고, 한 권의 책을 자기 것으로 소화해 냄으로써 아이들은 가르침을 받는 일방적 역할에서 능동적으로 수업에 참여하는 아이들로 변하게 될 것이다.

4차 산업 시대, 진학보다 진로를 선택하자

내가 근무했던 학교 1층에는 '로봇 태권브이'가 서 있다. 원통형 다리와 미사일 팔을 가진 2미터쯤 돼 보이는 로봇이다. 만화 영화에 나온 것처럼 가슴엔 빨간색의 브이가 그려져 있다. 양쪽으로 설치한 푸른색 조명을 따라 마치 불나방처럼 발길이 저절로 로봇 쪽으로 옮겨졌다. 공과대학생들이 3D 프린팅 기술을 활용해 제작한 것인데, 학교 홍보를 위해 고등학교에 전시해 놓았다. 태권 브이 말고도 조선백자와 미니어처 석굴암, 경복궁, 미륵사지 9층 석탑까지 현재 모습을 그대로 옮겨 놓은 것을 보고 연신 감탄을 했다. 옆에 있던 교사는 한술 더 떠서 아파트도 3D로 만들어질 거라고 했다. 내 머리로는 어떻게 지어질지 상상이 되지 않았지만, 이 기술로 만들어진 건물을 볼 날도 멀지 않을 거란 생각이 들었다.

기술은 생각지 못하는 사이에 저만치 앞서가고 있다. 내가 모를 뿐 이미 첨단을 달려 미래를 향해 가는 것이 현실이다. 정교한 프린팅 기술을 보면서 나는 아직 과거 경험에 기대어 지금을 사는 기분이 들었다. 나의 학창 시절은 30년이나 지난 과거에 있었던 일이다. 만일 어릴 적의 까마득한 기억을 상기시키려면 인공 지능의 메모리를 빌려 추억할 날도 또한 머지않았다고 생각했다.

최근 연구에서 초·중·고등학교 학생들의 진로를 부모 이외의 타인이나 기관이 제공하는 정보로 결정하는 비율이 70%가 넘는 것으로 드러났다. 특히 상급 학교로 올라갈수록 진로에 관한 영향을 가정보다 학교로부터 더 크게 받는 것으로 나타났다. 이는 고학년이 될수록 부모의 영향력이 낮아지는 대신 학교에 있는 교사나 미디어가 제공하는 진로 정보에 더 많이 의존하고 있음을 의미한다. 그럼에도 불구하고 학교에서의 진로 교육이 개개인의 진로 상담에 충분한 수준에 이르지 못하고 있다. 구체적인 고민이 많은 시기에 전문가와 상담 시간의 부족으로 진로에 대해 적절한 교육을 받지 못하는 아이들이 많아지는 것은 우려스러운 일이다.

고등학생인 아이들이 경제활동을 하며 살아갈 미래는 적어도 앞으로 5년 후의 시점이다. 4차 산업 시대는 사물 인터넷, 로봇, 인공 지능, 빅데이터 등의 기술이 융합 발전하고 첨단기술 주도로 엄청난 변화가 이루어지는 시대로 정의되고 있다. 주요 특징인 가상 물리 시스템(CPS : Cyber Physical System)은 초연결 환경에서 실제와 가상이 통합돼, 네트워크로 연결된 사고를 지능적으로 제어할 수 있는 체계다. 진로 교육은 시대의 흐름을 읽고 미래지향적 역량을 키울 수 있도록 기존 방식과 달라져야 아이들에게 도움이 될 것이다. 미래는 움직인다. 따라서 미래는 예측되는 것이 아니라 원하는 방향으로 조정해 나가는 것이기 때문이다.

앞으로는 이전보다 삶의 질을 높이고 인생을 풍요롭게 하는 일에 초점을 맞추는 것이 필요하다. 미래의 삶을 준비하기 위해 우리 아이들이 학교에 있든 학업을 중단하든 앞으로의 진로와 관련해 염두에 두면 좋을 네 가지가 있다.

첫째, 자기를 발견하는 것이다. 자신을 알지 못하고 성적에 맞춰 대학에 진학하는 것은 많은 시간을 돌아가야 하는 대가를 치러야 한다. 대학에서는 진로 방향에 맞춰 자기 발전에 집중하고 성장하는 기쁨을 누리며 공부를 하는 것이 필요하다.

둘째, 결정에 감정 요인을 포함해야 한다. 우리는 안정적이고 지속적이어야 좋은 직업이라고 전제하지만 한번 정하면 끝까지

할 수 있는 그런 일은 많지 않다. 생각해 보면 실제 선택할 당시에는 흥미로운 것, 해 보고 싶은 것, 설레는 것, 잘하고 싶은 것 등 감정적인 요소가 더 관여할 때가 있다.

셋째, 시민의식을 갖는 공부다. 자신의 여건을 활용하여 가장 만족스럽게 살아가는 방법을 찾아 생활을 향상하며, 개인으로서 책임 있게 행동하고, 나아가 공동체의 구성원으로서 필요한 가치와 태도를 배우는 것이 그것이다.

넷째, 새로운 것을 창출하는 사고가 필요하다. 진로는 오늘날을 기준으로 미래를 예측하는 것이라기보다 미래의 시점에서 오늘을 준비하는 것이기 때문이다. 창의성은 다양한 지식과 정보를 합리적이고 융합적으로 활용하여 문제를 여러 가지 방법으로 해결하게 한다.

일반계 고등학교의 진학 설명회는 대체로 대학에 합격하는 방법에 집중되어 있다. 아이들은 어른들 말에 따라 그냥 공부해서 대학만 가면 뭐가 되는 줄로 안다. 대학이 사회에서 필요로 하는 능력과 역량을 자연히 길러 줄 거라고 믿으며 의심 없이 대학을 최고의 가치로 여기고 학창 시절을 아낌없이 쏟아붓는다. 그러나 이제는 누구나 대학 진학은 끝이 아니라 또 다른 시작점이고, 자기가 찾지 않으면 능력을 갖출 사이도 없이 밀려서 졸업하게 될 수도 있음을 느낀다. 그래서 고등학교가 대학에 진학하기 위한 교육에만 집중되는 것은 옳지 않다.

SKY(서울대, 고려대, 연세대)대학에 다니다가 중간에 학업을 중단한 학생이 지난해 1,196명인 것으로 나타났다. 전체 재학생의 1.6%다. 일반계 고등학생의 학업중단율과 맞먹는 비율이다. 고등학교와 달리 치열하게 노력하고 명문 대학을 선택해서 진학하고도 그만둔 이유를 전문가들은 '진로 적성을 고려하지 않은 탓'으로 판단했다. 적성을 고려하지 않은 진학은 고등학교 3년, 대학교 4년이란 긴 시간과 비용이 대학교에서의 학업중단과 동시에 퇴색하게 될 수 있으므로 신중해야 한다.

4차 산업 시대, 진학보다 진로를 선택하자. 꿈이 같은 학생이 모두 원하는 대학에 진학할 수는 없는 노릇이다. 모집 정원이 한정되어 있어서 어쩔 수 없이 평가점수가 높은 순으로 선발하게 되어 있다. 하지만 진로에는 여러 갈래 길이 존재한다. 다른 시각에서 보면 한 가지 길이 막혔다고 할지라도 대안을 찾을 방법이 생긴다. 개개인의 성향에 따라 얼마든지 진로 변경과 선택을 할 수 있고 인생을 좋은 길로 인도할 수도 있다. 인생에 완벽한 답은 없다. 하나의 길이 막힌다고 오랫동안 좌절하고 주저앉아 있지만은 말아야 한다.

'한 국가의 국민은 그 나라의 미래를 결정하고, 한 기업의 인적 자원은 그 기업의 미래를 결정한다.'라는 것을 한 번쯤 들어봤을 것이다. 사람이 중요하다는 말을 강조한 것이다. 상품은 모방할 수 있어도 개개인이 발휘하는 창의력은 절대 모방할 수 없는 까닭에 국가와 기업이 인재 양성에 힘을 쏟는다. 학교에서도 교사와 아이가 어떤 철학으로 만나고 성장을 하는가는 매우 중요하다. 교과 중심의 교육이나 미래에 사라질 직업에 대한 예측도 필요하지만, 아이들 자신의 가치와 삶의 이유를 고민하고 해답을 찾는 과정의 경험이 무엇보다 우선이 되어야 한다. 그리고 아이들이 살아갈 미래의 터전을 준비하고 가꾸는 것 또한 먼저 나온 사람들이 해야 할 의무다. 그들이 선택한 일에서 최선을 다하는 것, 그것이 곧 미래 아이들이 살아갈 세상을 준비하는 것이 될 수 있기 때문이다.

제4장
어디에 있든,
아이들이 명심해야 할 것들

나는 특별한 존재다

'너는 특별해'라는 말을 자기 것으로 알아듣는다면 그 아이는 분명 자신을 특별하게 인식한다. 그 특별함에는 '있는 그대로의 자신'을 받아들인다는 의미가 담겨 있다. 자기 삶을 의미 있는 것으로 여기는 아이는 자신이 존재 자체로서 특별하다는 것을 받아들일 정도로 내면의 힘을 갖는다. 그렇지 않다고 생각하거나 바로 대답을 못 하는 아이는 그 말을 정확하게 알지 못하고 자신의 존재를 긍정하지 않을 수도 있다. 그럼에도 불구하고 존재로서의 특별함은 누구에게나 적용된다. 너와 나, 우리는 모두 저마다 자기 위치에서 특별한 존재이기 때문이다.

하람이는 유독 다른 사람의 관심에 민감했다. 타인의 생각에 따라 자신의 행동을 맞추려다 지치기도 한다. 그리고 타인의 시선이 불편하다거나 자신의 진로와 관련이 없다는 등의 이유로 학교에 머무를까 아니면 떠날까를 고민하고 있다. 학교에 다니고 싶지 않은 이유를 일부러 만들어 내는 것처럼 괴로운 원인도 여러 가지였다. 결국, 이럴지 저럴지 결정하지 못하고 고민하며 즐겁지 않은 날들을 보내고 있었다.

하람이가 하고 싶은 일은 IT와 관련된 일이었다. 동아리 활동을 하거나 배울 수 있는 과목이 개설되었다면 고민하지 않았을 것이라고 했다. 그러나 다니고 있는 학교가 일반계열이라 정보통신기술이나 특정 영역에 관심 있는 학생들이 원하는 것을 충족시켜 줄 수 없다는 것을 본인도 잘 안다. 이런 문제를 해결하려면 다른 학교로 전학 가는 것이 현재로서는 최선이지만 여전히 생각 중이었다. 본인도 결정하지 못하고 타인의 조언에서도 뾰족한 해결책을 찾아내지 못했다.

하람이의 고민은 진로 갈등뿐만이 아니었다. 편견에 대한 걱정도 있었다. 다른 친구들이 자신에 대해 편견을 갖고 있다는 말을 자주 했다. 그런 일들이 일어났었는지를 물으면 아직은 그런 것 같지 않지만, 그럴까 봐 걱정이라고 했다. 걱정하는 바탕에는 자신이 부족한 사람이라는 생각이 깔려 있었다. 자신이 초등학교 시절에 잠깐 소아·청소년 병원엘 다닌 적이 있고, 그 사실을 친구들이 부정적인 시각으로 바라볼 수도 있다는 것을 염려했다. 다른 사람들은 병원 치료를 받은 아이들을 어떻게 생각할 것 같은지를 물었을 때 그런 아이들을 보면 마음이 불편하고 정서 능력도 떨어지는 것으로 생각할 거라고 하면서 자기도 그 아이들이 좋게 보이지 않는다고 말했다.

나는 그것이 하람이가 부족한 사람이라고 생각하는 핵심적인 원인이라고 판단했다. 겉으로는 IT와 관련된 것을 배우지 못하는 것에 대한 불만이지만, 실제로는 차별을 받을까 두려워하는 마음이 숨어 있었다. 스스로가 편견을 내면화하며 자신이 그런 아이들을 좋게 보고 있지 않았던 것이다. 사람들은 자신의 무의식에 숨겨진 편견을 보통은 알지 못하고 단지 타인이 그렇게 볼까를 두려워한다. 이런 경우엔 자기 내면에 편견이 있다는 것을 인식하는 것이 필요할 뿐 아니라 당사자인 자기 자신의 문제를 중심으로 해결하는 것이 순서이다. 나는 하람이에게 말해 줘야 할 것을 두 가지로 요약했다. 편견과 존재 인식에 대해서다.

먼저 편견에 대한 자기 인식이다. 자신이 어떤 편견을 갖고 있고, 그것을 어떻게 인식하고 있는지 점검해 보는 일이다. '투사'라는 말이 있다. 이는 자신의 성향인 태도나 특성을 무의식적으로 다른 사람에게 돌리는 심리적 현상을 말한다. 정신 분석 이론에서는 다른 사람에게 죄의식, 열등감, 공격성과 같은 감정을 돌림으로써 자신의 문제를 부정할 수 있는 방어 기제라고 본다. 즉 자신이 가지고 있지만 마치 다른 사람에게 있는 것처럼 여기고 타인이 자신을 미워하거나 싫어한다고 생각하는 것을 의미하는 것이다. 하람이의 경우에 빗대어 보자면 자신이 타인을 좋지 않게 보는 편견을 다른 사람에게 전가하고 그 편견 때문에 자신을 안좋게 볼 것처럼 착각하는 것과 같다. 상대방이 편견을 가졌는지 여부는 알지 못하는데도 말이다. 나와 상담을 하는 과정이 자신을 바라보는 계기가 되었던 것 같았다. 이야기를 나누던 중 하람이는 뭔가 알아차린 듯한 표정을 지었다. 마음의 밑바닥에 숨겨진 편견에 대해 누군가 말해 주지 않아서 인지하지 못했던 부분이 비로소 건드려진 것이리라.

하람이 얼굴에서 미소가 보였다. 그 미소의 의미를 묻자 어떻게 해야 하는 건지 조금은 알겠다고 답했다. 무엇을 알았는지 나는 궁금했다. 자기가 편견이 있었고 그것을 부정적인 것으로 받아들이고 싶어했다는 것이다. 병원에 다니는 아이들이 걱정되고, 불편하며, 차별할 거라는, 자신이 가지고 있는 두려운 감정들이 투사되어 오히려 편견을 만들었다는 것을 알게 되었다고 했다.

두 번째는 존재에 대한 인식이다. 존재에 대해서도 편견과 마찬가지로 풀어 갔다. 하람이는 뭔가를 잘하는 사람이 부럽고, 못하는 사람은 싫다고 말했다. 잘하지 못하는 사람에 대한 가치를 그렇지 않은 사람보다 낮게 보는 차별이 있었다. 차이는 틀림이 아닌 다름에서 나온다. 이를 알면 당연히 잘못이란 것을 깨닫게 될 테지만, 사람들은 비슷한 잣대로 평가하는 것에 익숙해져 있어서 다름을 틀림으로 이해하는 것으로 보였다. ≪존재하는 것은 무엇이든 옳다≫는 제목의 책이 있다. 스티븐 제이 굴드(Stephen Jay Gould, 1941~2002)의 이야기다. 달팽이의 멸종에 안타까워하는 고생물학자인 그의 통찰과 사유가 들어 있다. 그에게 있어 모든 생명은 독특한 존재다. 제각기 걸어가는 길은 다른 어떤 존재도 만들어 낼 수 없는 유일무이한 길이라고 말한다. 그러기에 각자의 생명은 모두 경이로운 것이다. 인간은 존재 자체로 옳다. 공부를 못해서, 말 안 들어서, 친구들과 싸워서 사람들로부터 거부당하는 일도 있지만, 엄밀히 따지고 보면 그렇다고 무시당할 일은 아니다.

편견과 존재 인식, 두 가지에 관해 이야기를 나누면서 하람이의 표정과 태도를 살폈다. 나는 하람이에게 이해가 빠르다고 말했다. 단지 몇 가지 생각할 거리를 제공했을 뿐인데도 제대로 알아듣고 이해한 것은 하람이 안에 그만한 능력이 있기 때문이라고 설명했다. 누구나 자기 안에 해결 능력을 갖추고 있다. 상담은 내담자의 인식 상의 오류를 찾아내고 그것을 건드려서 도미노처럼 자신 안에 잠재된 것을 일깨우는 역할이다. 나머지는 자기가 스스로 깨우치는 일이다.

학교를 옮길지 계속 다닐지의 선택을 자신이 하게 된다면 선택에 대한 책임을 갖고 충실히 학교생활을 해 나갈 수 있다. 자기 판단으로 결정한 선택에 대한 믿음, 그것이 자신감이다. 오늘 하람이는 자신감을 조금 찾은 것처럼 보였다.

자신이 특별한 존재라고 인식하는 순간 바로 특별한 존재가 된다. 세상에서 배타적 소유를 주장할 수 있는 것은 오로지 자신뿐일 것이다. 오직 자기 혼자만의 것, 그것이 배타적 소유다. 아무리 부러워도 다른 사람이 될 수는 없는 일이다. 자신이 싫다고 '나'를 버린다면 '나'는 진정한 '나'로서 존재할 수 없다.

자신을 있는 그대로 보지 못하고 스스로 인정하지 않으면 아무리 특별하다고 말해봐야 알지 못하는 언어일 뿐이다. 상대방을 존중하는 태도를 보이기 위해서는 말하는 자신도 그렇게 생각하고 행동해야 한다. 대화하는 과정에서 상호 진정으로 특별하다는 마음이 전해질 때 비로소 상대편의 마음에 깨달음이 찾아오게 할 수 있기 때문이다. 만일 아이와 대화하는데 변화가 일어나지 않는다면 말하는 사람도 자기 안에 있는 편견과 존재에 대한 인식을 점검해 봐야 한다. 인간으로서의 존엄함, 그 자체가 한 개인을 특별하게 만든다. 그래서 자신은 특별한 존재가 되는 것이다.

세상은 나의 편이다

말 걸어 줄 한 사람. 내게 말을 걸어줄 단 한 사람만 있어도 세상은 살 만하다. 내 편이 있다는 사실에 마음엔 햇살이 든다. 내 편이라는 것은 삶에 있어서 그만큼 중요하다. 날 이해하고 믿어 줄 그런 사람, 누가 되어도 세상에 그런 내 편이 있으면 된다.

누구나 한 번쯤은 세상에 내 편이 하나도 없다고 생각한 적이 있었을 것이다. 인생살이가 뜻대로 풀리지 않을 때, 기대했던 것과 달리 노력의 대가가 돌아오질 않을 때는 외딴 섬에 혼자 사는 것처럼 외롭고 슬프다. 내 편이 한 명이라도 있다면 어떤 것도 자신 있게 시작할 수 있을 텐데…. 내 편이 있다는 것은 살아갈 힘이

요 든든한 백이다.

강사는 노래하는 중간에 일곱 명이라고 외쳤다. 원을 돌며 노래를 부르던 수강생들은 7명씩 짝을 맞추려고 아우성이다. 온종일 연수를 받는 가운데 굳어 가는 몸을 풀어 줄 간단한 게임을 하는 중이었다. 연수받는 사람들이 70명은 족히 되었다. 탈락자들은 원의 가장자리에 앉아 승자들의 게임을 구경하고 있다. 직전 게임에서는 9명이 서로 얼싸안고 한 팀이 되어 살아남았다고 좋아했다. 좀 전까지만 해도 서로 협력하며 잠깐이라도 우리 편이라고 생각했던 사람들이었다. 상황이 바뀌어 이제는 7명을 모아야 했다. 옆 사람이 한발 앞서 7명을 구성하는 바람에 남겨진 두 사람은 다른 팀에서 나온 사람들과 합쳐 8명이 되었다. 다시 한 사람이 탈락해야 하는 상황이었다. 자발적인 양보자가 생기면서 7명은 게임에서 기사회생했다.

일정 시간 같이 있었다면 우리 편이란 인식이 생긴다. 처음 만나 같은 테이블에 우연히 앉아 같은 조가 되기도 하고, 여기저기에서 선출된 사람들이 모여 위원회로 조직되어 주기적으로 만나다 보면 자연적으로 '소속감'이란 게 형성된다. 같은 편인 사람들이 되는 것이다. 팀으로 묶여 다른 팀과 경쟁이라도 하는 상황이면 팀의 결속력은 더욱 강해진다. 마음에 들고 안 들고는 편이 생기고 난 후의 문제다. '편'은 심리적인 안정을 주는 중요한 영역이다. 모임이 해체되거나 연수가 끝나면 못내 아쉬운 마음에 발길을 단번에 돌리기 어려울 만큼 마음 한구석에 남은 서운함이 시원하게 털어지지 않는다.

 민혁이는 학교를 그만두겠다고 당당하게 말했다. 너무 당당해서 그만 웃음이 나왔다. 학업중단숙려제를 신청하기 위해 나를 찾아오는 아이들 대부분은 표정이 굳어 있는 경우가 많았다. 떠나는 영웅의 뒷모습같이 힘들고 지쳐 보였다. 그런 아이들에게는 "고민하느라 많이 힘들었겠다."라고 진심으로 말한다. 아무리 막 나가는 아이라도 많이 고민하지 않고 결정하기는 어려운 것이 학업중단이기 때문이다.

 하지만 민혁이는 다르다고 생각했다. 나는 자신만만해 보이는 아이가 속으로 믿음직스럽기까지 했다. 뭐를 해도 해낼 것 같은 배짱을 보았기 때문이다. 그래도 허황한 면은 없는지 살피면서 아이의 말을 들었다. 배우가 꿈이라며 학교를 그만두는 건 연기를 배우기 위해서라고 이유를 말했다. 이미 아역을 했던 적도 있으니 연기는 자신 있다고도 했다. 순간 나는 '이 아이의 자신감이 어디서 오는 것일까?', '연예인의 화려함에 가려진 어둠도 보는 걸까?' 하는 우려가 생겼다. 실패와 실수를 이겨 냈다고 말하는 아이의 기세등등한 태도만은 나의 염려와 우려를 날려 버릴 만큼 강력했다. 이대로라면 누구의 말도 듣지 않을 터였다.

사실 민혁이 부모는 이미 두 손 두 발 다 든 상태였다. 나보다 더 많은 시간 동안 아이를 봐 왔던 부모는 더는 어찌할 수 없다고 했다. 원하는 것을 하게 두는 것뿐이라고 말했지만 속을 끓이고 있었다. 부모는 아이가 말을 듣지 않아 서운한 데다 그 길에서 고생할 것이 뻔하다는 생각이 지배적인 것 같았다. 누군들 안 그랬을까만 민혁이를 말릴 사람은 아무도 없어 보였다.

배짱이 두둑한 민혁이는 누가 뭐라고 해도 어차피 자기 생각대로 할 아이로 판단됐다. 그래서 나는 민혁이의 뜻을 존중해 주기로 했다. 어쩌지 못해서가 아니라 그 의지를 진심으로 응원하기로 마음먹었다. 부모가 알면 나를 원망할지도 모른다. 자기 아이가 아니라서 그렇게 말한 게 아니냐고 따져 물을 수도 있다. 나는 부모에게 전화를 걸어서 민혁이가 그 배짱이면 혹여 연기자가 되지 않더라도 무엇이든 해낼 것이라고 믿는다고, 부모님도 그것을 믿어주면 좋겠다고, 부모를 자신의 편으로 생각하게 해야 한다고 말씀드렸다.

우리는 타인이 자신을 부정적으로 평가할 거라고 예상하는 경우가 많다. 어쩌면 그 평가를 가장 혹독하게 깎아내리는 사람은 바로 자신인지 모르면서 말이다. 그로 인해 제법 호의적이고 관

대한 존재가 될 수 있는 타인을 내 편에서 제외하고 있는 것은 아닐까? 내 편이 없는 게 아니라 주변에서 알아보지 않고 없다고 단정 짓는 것은 아닌가 하는 의문이 들었다. 타인은 자기를 비추는 거울이다. 타인에 대한 생각이나 말은 자기 안에 있는 어떤 요인 때문인 경우가 많다. 우리는 매일 타인이란 거울에 비친 자신의 모습을 보고 있다. 아이러니하게도 타인의 눈에 자신이 어떻게 비추어지는지에 따라 세상에 살아가는 자세가 달라지기도 한다. 이것이 부정적 평가를 받으면 좌절하고 갈등하는 이유가 되기도 한다. 타인이 자신의 실수나 결점을 알게 되었을 때 자신을 무시하거나 형편없다고 생각할 거라고 믿는다면 타인과의 상호 작용은 두려울 수밖에 없을 것이다.

누구나 아이들이 행복하길 바란다. 기쁜 날이 많기를, 풍요롭게 살기를 간절히 기원한다. 그러나 가끔 어른들은 아이들이 원하는 것을 얻기보다 힘들게 해달라고 간절히 기도하는 것 같다는 생각이 든다. 아이를 위한 것이라며 걱정하고 염려하고 부정하는 것이 더 많기 때문이다. 즐겁고, 기분 좋은 생각을 해도 이루어질까 말까 하는데 말이다. 원하는 것이 이루어지길 바란다면 긍정적인 생각을 하는 것이 중요하다. 있는 그대로를 인정하고 그 상황에서 자신이 할 일을 해 나가는 것, 그것이 긍정이다.

학교에 다니기 힘들어하는 아이들이 세상을 자신의 편으로 인식하기 위해 선행해야 할 것들이 있다.

· 작더라도 성공 경험을 많이 쌓을 기회를 얻자.

· 지지하는 사람이 없으면 스스로 격려하자.

· 내가 나를 어떻게 보는가를 점검하자.

· 원하지 않는 정서를 반복하는지 살피자.

세상은 나의 편이다. 세상에 내 편이 하나도 없다고 푸념하는 사람들이 놓친 것이 있다. 누가 믿어주지 않아도 스스로 당당하게 하는 내 편, 그것은 바로 자신이다. 내 편은 자신의 마음과 머릿속에 있다. 자기는 자신이 입 밖으로 꺼낸 말을 가장 먼저 듣는 사람이자 자기 생각을 들여다보는 유일한 존재다. 그 정도로 가까운 내 편이다.

내가 없으면 세상도 없다. 세상은 나 없이도 돌아가지만 내가 있기에 세상도 존재한다. 앞으로의 삶은 자신의 선택과 결정에 달렸고, 행복할지 불행할지도 자신에게 달렸다. 진정으로 자신이 살고 싶어 하는 인생은 자기에게 달린 것이다. 핵심은 절실함이다. 스스로 포기하지 않는다면 세상은 자기의 편이 될 것이다. 파울로 코엘류(Paulo Coelho, 1947~)가 쓴 《연금술사》에는 이런 말이 나온다. "하고자 하면 온 우주가 도와줄 것이다." 나는 이 말처럼 아이들이 하고자 한다면 세상은 자기의 편에서 절실함을 이루고, 새로운 세계를 잘 헤쳐 나가도록 도와줄 것이라고 믿는다.

잘하는 일, 좋아하는 일을 찾자

좋아하는 일을 찾은 것은 행운이다. 준비하는데도 수월찮게 시간이 필요하다. 그러니 선택한 일에 보람을 느끼고 생활에 재미까지 더해 준다면 금상첨화다. 연구하며 능력을 향상하고 10년 넘게 업무에 임하다 보면 진짜로 숙련가가 되기도 한다. 행운일 수밖에 없는 또 다른 이유는 좋아하는 일을 찾고자 인생에서 여러 가지 직업에 종사하는 게 한계가 있다는 것과 모든 직업을 경험해 보고 선택하기란 불가능에 가깝기 때문이다.

예성이는 직업에 대한 고민이 많았다. 그래도 대학은 가야겠다는 미련 때문에 일반계 고등학교에 진학했다. 고등학교 졸업장이 삶에서 최소한의 방패가 될 수 있다고 믿었다. 하지만 수업에 관심이 없어 배우는 내용이 눈에 들어오지 않았다. 학교 다니는 일에 마음을 붙이지 못하고 의미없이 시간이 흘러가는 것이 아깝다고 생각했다. 부모님께 학교를 그만두겠다고 말했지만, 졸업만 해 달라는 부모를 설득하기가 어려웠다.

그런 예성이는 한 해 전 머리카락을 손질하러 간 미용실에서 흥미로운 일을 발견했다. 미용사가 머리를 만지는 일이 좋아 보여서 자신도 머리를 다듬는 일을 해 보고 싶다는 생각이 들었던 것이다. 재미없는 수업 시간을 이겨 낼 다른 호기심이 발동했다.

최근 들어 학교에서는 대안 교실을 운영한다. 대안 교실은 정규 교육 과정의 전부 또는 일부를 대체하는 교육 프로그램을 운용하는 별도의 교실이다. 중학교 때 인상적이었던 미용실 기억을 떠올리고 대안 교실에 참여하게 된 예성이는 일주일에 한 번 미용실에서 수업을 대신할 기회를 얻었다. 지역 사회와 연계된 미용실에서 체험을 시작하게 될 날을 기다렸다. 비록 하는 일은 미용사 보조와 청소, 손님의 머리 감기는 것 정도였지만 미용실에서 일하는 것이 기뻤다. 하고 싶은 일을 하게 되자 전과 달리 학교에서도 의욕이 생겼다. 학업을 포기하지 않은 덕분에 직업 위탁 학교에서 미용 기술을 전문적으로 배울 수 있는 문도 열렸다. 얼마 전에 본 예성이는 헤어 디자이너 자격증을 취득하고, 대학 진학도 가능하다는 기대감에 부풀어 있었다.

아무리 자기가 좋아하는 일을 찾더라도 처음부터 잘하는 사람은 드물다. 잘하지 못할 거면 시작도 하지 말아야 한다는 생각은 옳지 않다. "천 리 길도 한 걸음부터."란 속담과 같이 처음엔 좀 서툴더라도 자신이 좋아하는 일을 열심히 하면 잘하게 된다. '재능'은 발견하는 것이기도 하지만 '믿고 버티는 일'에 가깝기 때문이다. 자신이 좋아하는 분야에서 능력을 믿고 꾸준히 활용하면 결국 그 일은 자기의 특기가 되어 있을 것이다. 게다가 더욱 집중해서 그 일을 지속하면 전문가가 될 수도 있다. 타고난 능력이 부족하더라도 일정 기간 에너지를 집중함으로써 기대하는 성과가 드러나게 되고 능력 있는 사람으로 인정받는 것은 매력적인 일이다. 그럼 얼마나 하면 잘한다고 말할 수 있을까?

'일만 시간의 법칙'에 대해 들어봤을 것이다. 좋아하는 일을 잘하게 해서 결국 전문가가 되기까지 필요한 시간을 의미한다. 한 가지 일에 대해 노력하면 그 분야에서 최고가 될 수 있다는 것을 뜻한다. 하루 세 시간씩 십 년이면 일만 시간이다. 이는 10년간 애정을 쏟아야 성공한다는 말이기도 하다. 어떤 상황에서도 지속할 의지가 있어야 한다. 중요한 것은 일만 시간을 어느 분야에 투자할 것인가를 선택하는 일이다.

적절한 분야에 집중할 시간을 마련해야 하는데 이 말을 들으면 지레 겁을 먹을 아이들이 있다. 학교도 잘 다니지 않는 자신이 그런 것을 할 수 있을 거라고 믿지 않을 가능성이 크다. 같은 일을 해도 관심 가는 요소는 천차만별이다. 어떤 아이는 학교에서 학문적 지식 쌓기를 좋아하고, 또 어떤 아이는 사업에 소질을 보인다. 그리고 어떤 아이는 손재주가 많은 등 재능이 다양하다. 아이들은 성장해서 어떤 일이든지 간에 나름대로 일을 하면서 살아갈 것이고 앞으로 살아갈 날도 어른보다 몇 배나 많을 것이다. 그러니 지레 겁먹지 말아야 한다. 자신이 하는 일에 어떻게 임하느냐에 따라 가능성은 얼마든지 달라질 수 있다.

하지만 내가 무엇을 하고 싶은지를 정하지 않았다면 어떤 일을 일정한 시간 동안 지속하는 것은 여간 힘든 일이 아니다. 기술이 하루가 다르게 발전하는 시대에 어떤 직업이 유망할지 예측하기는 더욱더 어렵다. 슈퍼컴퓨터를 자랑하는 기상청도 하루 전의 날씨조차 빗나간 예보를 하기 일쑤다. 작은 변수들이 개입되면 어떻게 바뀔지 모르기 때문이다. 하물며 10년 뒤에 일어날 일은 누구도 알지 못한다. 그러므로 불확실성이 큰 미래 사회에서 살아가기 위해서는 좋은 기분으로 일할 수 있는 것을 찾는 것이 중요하다. 좋아하는 일을 찾았다면 능력은 좀 모자란다 해도 미리 근심할 일이 아니다.

그래도 타고난 재능이 부족하다고 여겨질 때, 세 가지를 갖추려고 노력해 보자.

첫 번째는 꾸준함이다. 끈기 있게 하려면 그 일을 하고 싶어 해야 한다. 억지로 지속한다는 것은 고통스러운 일이다. 어떤 아이도 자기가 좋아하는 일 하나쯤은 가지고 있을 것이다. 시키지 않았는데 자발적으로 하는 일이 그것이다. 잘하는 일이 아니더라도 자신이 좋아하고, 하고 싶은 일이어야 포기하지 않고 해나갈 수 있다. 그래야 꾸준함을 유지하게 된다.

두 번째는 불안해하지 않는 것이다. 어떻게 하면 잘하게 되는지 방법을 자꾸 물어보는 아이는 불안함이 크다고 할 수 있다. 불안이 클수록 유지하는 힘이 줄어들어 포기하기 쉽다. 원하는 성과가 나타나지 않는 것을 걱정하고 의심한다. 기대와 다르게 반응은 바로 나오지 않는다. 공부를 좀 했다고 성적이 금방 좋아지지 않는 것과 같다. 꾸준히 하기 위해서 굳은 마음을 먹는 것이 필요하다.

세 번째는 진정성이다. 자기가 하는 일을 진심이 담긴 마음으로 대하는 태도가 진정성이다. 많은 사람이 선호하는 직업의 우선순위를 절대적 기준으로 두고 타인이 하는 일은 귀한데 자신은 하찮은 일을 한다고 생각한다면 가치 있는 일을 한다고 여기기가 쉽지 않다. 누가 뭐래도 자신은 누구도 대체하지 못할 유일한 존재다. 아무리 작은 일이라도 자기가 진정성을 갖고 임하는 마음 가짐이 있다면 그 일은 가치가 있는 일이 될 것이다.

잘하는 일, 좋아하는 일을 찾은 아이는 공부를 잘하는 아이 못지않게 풍요로운 삶을 살아갈 수 있다. 늦었다고 생각할지도 모르지만, 언제나 그렇듯 지금이 가장 빠를 때다. 지금 자신에게로 향하는 질문에 대한 답을 생각하는 것은 결국 좋아하는 것을 찾아가는 과정이 된다. 자신의 행동과 결과에서 의미를 발견하는 일이 좋아하는 일이다. 좋은 것을 꾸준하게 행동으로 옮겨 익숙해지고 잘하는 단계에 이를 때까지 성실하게 해 나가면 자기가 가장 잘하는 일이 된다는 사실을 믿게 될 것이다.

잘하는 일, 좋아하는 일을 찾자. 좋아하면 잘하게 된다. 그러므로 좋아하는 그 일이 나의 삶을 성공으로 인도할 수 있다. 지난해 10대 청소년들의 설문조사에서도 희망 직업을 선택하는 요인으로 '내가 좋아하는 일(58%)'을 가장 먼저 고려하는 것으로 나타났다. 만약 좋아하는 일을 찾는다면, 학교 공부와 관계없이 여러 면에서 긍정적인 효과가 있을 것이다. 학업중단을 고민하는 아이들이라면, 이런 부분이 더 필요하다. 좋아하는 그 일이 아이들의 삶을 변화시킬 수도 있기 때문이다. 생각만 해도 기쁜 그런 일을 찾는 것, 인생을 살아가는데 필요한 중요한 과제다. 나는 아이들이 자신이 좋아하는 그 일을 찾아내길 바란다.

인내하지 않고 얻는 것은 없다

오늘 산행은 시작부터 숨이 가빴다. 땀이 연신 흘러내렸다. '사제동행 산행'을 하는 중이었다. 오르내리려면 세 시간은 족히 걸리는 코스다. 다행히 그늘이 많아서 뙤약볕은 면했다. 내려가려면 아직 멀었는데 다리가 풀렸는지 몇 번이나 미끄러졌다. 며칠을 내리 밤샘 작업을 했더니 체력이 말이 아니었다.

사실은 포근한 이불 속에 머물고 싶었다. 몸을 일으키기 전까지 이대로 한 시간만 더 자면 좋겠다고 생각했다. 매번 그런 생각에 이끌리지만, 겨우 잠의 유혹을 이겨 내고 산행에 나선 참이었다. 모처럼 아이들과 함께 가는 길인데 내가 먼저 지쳐서는 안 된다며 자신을 스스로 다잡았다. 녹록지 않지만, 오늘 산행도 잘 마치자고 다짐했다. 책임을 다하겠다는 마음을 먹고 나서야 비로소 마이너스인 에너지가 플러스로 바뀌는 것처럼 느껴졌다.

그런데 민찬이의 상태가 심상치 않았다. 아침잠이 부족한지 아예 눈을 감고 걸었다. 그러다 발이라도 헛디딜까 조마조마했다. "눈 뜨고 있는 거 맞니?"라고 묻는 것만도 여러 번이었다. 민찬이를 위해서라도 기운을 적잖이 끌어내야 했다. 민찬이를 챙기다 보니 산행 대열의 맨 뒤에 처져 있었다.

사제동행은 말 그대로 학생과 교사가 함께 가는 것이다. 이번 산행은 학교에 다니길 재미없어하는 아이들이 토요일에 집에서 뒹구는 시간에 선생님들과 함께 운동하고 맛있는 점심 한 끼를 같이 하며 의미 있게 시간을 보내자는 취지로 계획되었다. 주저하는 아이들에게 진심을 담아 온갖 제안을 하고 설득하자 6명이 참가했다.

출발부터 순탄치 않았다. 늦게 온 아이를 기다리느라 한참을 보냈다. 시간이 오래 걸릴 것을 염려해서 처음 가려 했던 산을 다른 곳으로 변경한 탓에 합류가 늦어지기도 했다. 갑자기 얼굴이 창백하게 변한 아이를 데리고 병원에도 가야 했다. 하지만 대응은 순조로웠다. 학생 한 명당 교사 한 명이 참가해서 다행히 여유가 있었기 때문이다. 어려운 순간을 넘기며 산 중반을 향해 무사히 나아갔다.

날씨가 끄물끄물하더니 비가 내리기 시작했다. 더운 날에 우비를 겹쳐 입어서 옷이 땀에 흠뻑 젖었다. 다른 아이에 비해 민찬이가 유독 칭얼거렸다. 고등학생이란 생각이 들지 않을 만큼 어린 행동을 보였다. 몇 발자국 걸어가서는 "선생님, 얼마나 남았어요?"하고 물었다. 나는 "힘이 드는가 보다. 아직 중반이라 더 가야 하는데, 조금만 힘을 내자."라며 간식을 건네주었다. 계단이 나오면 속도가 더 느려졌다. 이번엔 "얼마나 더 가야 해요?"라고 질문했다. 가위바위보로 계단 오르기를 하면서 2백여 개 계단을 겨우 올랐다. 나는 민찬이에게 끝까지 데려갈 것이니 포기할 생각은 하지 말라고 엄포를 놓았다. 끝나고 맛있는 점심이 기다리고 있다며 기대감을 자극했다. 우여곡절을 겪은 끝에 무사히 하산했다.

수동적인 아이들은 스스로 노력하지 않으려고 한다. 자신을 응원하고 지지하는 자원이 부족하므로 보상이라는 강화물이 있거나 자극을 주는 경우에만 움직이기 쉽다. 결과가 나올 때까지 끈질기게 노력하는 모습은 더욱 찾아보기 힘들다.

쉽게 포기하는 아이들은 어려운 일에 도전하려는 용기를 내지 않는다. 실수하고 나면 회복하기까지 쉽지 않은 데다 실패에 대한 두려움을 갖는 경우가 무척 많기 때문이다. 노력하는 과정을 겪어 낸 경험이 부족할 뿐 아니라 성취 결과에 대한 가치마저도 과소평가하려 든다. 이런 아이들은 어떤 일이든 하기 전부터 미리 걱정에 압도되는 경향이 크다. 자신의 욕구를 자기 안에서 억제하기 때문에 남들이 알아주는 데까지 시간이 걸린다. 스트레스 상황을 피하려는 태도 또한 강하다는 점도 특징이다. 지속적인 행동을 유도하기 위해서 에너지를 듬뿍 쏟을 수밖에 없다.

한 발 한 발 작은 성공에라도 다다른 경험은 난관에 부딪혀도 다시 도전하려는 의지를 갖게 한다. 그 때문에 힘든 것을 극복하고 이겨 내는 과정은 매우 중요하다. 참아 내는 힘이 생기면 쉽게 좌절하지 않고 방법을 바꿔 가며 가능성을 생각해 내는 능력을 발휘할 수 있다. 바라는 것을 달성할 때까지 지속하는 가운데 마음속의 근육이 생기는 것이다. 그 중심에 인내력이 있다.

그러므로 우선은 참고 기다려야 한다. 어려운 것을 충분히 해낼 수 있을 때까지 참아야 한다. 주변에서 지켜보는 사람도 기다려야 하는 것은 마찬가지이다. 부모가 포기하지 않고 끝까지 시도하는 모습을 보여 주는 환경이 꾸준히 제공되면 더 좋다. 인내력을 발휘하기 위해서 에너지가 지속적으로 공급되어야 하는데 이때 체력이 따라주지 않으면 만사가 귀찮아진다. 인내력이 생기기까지 부단히 반복하며 몸에 익히는 시간과 노력을 기울일 필요가 있다. 인내력을 키우는 데도 단계가 있다.

먼저, 쉬운 것부터 하자. 처음엔 감당할 수 있는 작은 것부터 시작게 한다. 자신이 못 하겠다고 생각하는 일에 도전할 용기를 주려면 아주 작은 범위로 잘라서 수행하도록 도와주는 것이 필수적이다. 꾸준함을 통해 작은 성공 경험이 쌓여 누적 효과도 기대할 수 있다.

다음엔 과정에 집중하자. 노력하는 과정을 강조하는 것은 결과에 대해 생각하기보다 과정에 집중하게 하는 장점이 있다. 결과 중심의 반응을 주로 받은 아이는 한 번의 실수에도 바로 위축되기 쉬워지므로 과정에 주목하게 해야 한다. 과정에서 배운 것이 무엇인지 돌아보며 스스로 사고하는 능력도 키울 수 있다.

마지막은 마인드 컨트롤이다. 스스로 격려하는 방법을 찾는 것이다. 자신에게 힘을 주는 말을 만들어 언제든 사용할 수 있도록 한다. 현재와 미래의 그림을 그려 보면 통제하고 조절하는 힘을 갖게 될 것이다.

여러 개 목록을 만들어서 하나씩 읽는 것도 좋다. 심호흡부터 하고, 지쳐 있는 자신에게 이렇게 말해 주자. "정상이 가까울수록 힘이 들게 마련이다.", "안 될 이유가 있으면 될 이유도 있다.", "어디서나 당당하라.", "날마다 점점 나아지는 중이다." 그리고 "잘 되는 자신을 상상하라."

아무리 좋은 말도 가슴에 담은 것만 자신의 것이니 부정적인 언어보다 긍정적인 언어로 바꾸어 생각하도록 하는 것이 중요하다.

인내하지 않고 얻는 것은 없다. '인내는 쓰다. 그러나 그 열매는 달다.'라는 말처럼 바라는 바를 이루려면 목표에 다다를 때까지 참아 내야 한다. 과제가 명확할수록 가야 할 방향을 설정하기 쉽다. 과정을 쪼개서 단계별로 한 가지씩 해결해 나간다면 하지 못할 일도 없다. 어느덧 중간을 넘고 있는 자신을 발견할 수 있을 것이다. 당장에 어려움이 있겠지만 이뤄낼 결과를 상상하면 더 큰 동기를 부여받게 된다.

쉬운 일부터 차츰 도전이 필요한 과제로 이행하며 인내심을 키우자. 명심할 것은 마지막 목표에 도달하는 순간까지 참아 내는 집요한 인내력이 있어야 결승점을 통과할 수 있다는 점이다. 100도가 될 때 물은 끓는다. 될 때까지 하는 것, 진실은 지극히 단순한 것에 있다는 사실을 기억할 필요가 있다.

책은 든든한 지원군이다

수호는 공부하기가 싫어졌다. 고등학교로 진학한 이후로 공부를 따라가기가 어렵다고 호소했다. 이제는 노력해도 성적이 나아지는 게 보이지 않는다며 하고 싶은 마음마저 사라진 상태였다. 중학교 때까지는 학원엘 다녔고 또 그다지 열심히 하지 않아도 점수가 올랐었다. 좋은 성적이었을 때를 기준 삼아 부모는 다시 잘하길 기대했다. 학교가 끝나고 독서실에 가서 공부하지만, 자신은 해도 안 된다는 생각에 사로잡혀 있었다. 본인도 힘든데 부모가 더 열심히 하라고 해서 부담스럽다고 말했다.

학교를 그만둘까도 심각하게 고려했다. 주말에는 친구들과 당구나 게임을 하는 것으로 보냈다. 친구를 만나면 스트레스가 풀린다고 했다. 공부 생각은 아예 하지 않으려는 이유가 부모로부터 받는 압박 때문이라고 생각하고 있었다. 잘하고 싶은 욕구에 비해 성적이 잘 나오지 않아서 책을 잡고 싶은 생각이 사라졌고, 공부하는 양이 적어서 결국 성적뿐만 아니라 자신감마저 떨어지는 악순환이 이어졌다고 한다.

나는 이전에 점수가 괜찮았던 이유를 물어보았다. 수호가 자신 있어 하는 것은 암기였다. 기억력이 좋아서 단시간에 외우는 것을 잘하는 편이라고 말했다. 영어 단어를 기억하고 지리와 사회는 잘 외우는데 역사나, 윤리와 사상이 문제였다. 다른 과목에서 애써 성적을 올려도 두 과목에서 평균 이하 점수를 받는 바람에 전체 점수를 깎아서 속상하고 이 부분에 대해 어떻게 공부를 해야 할지를 모르겠다고 했다.

수호가 고민하는 학습 문제를 일으키는 원인은 두 가지다. 기억력에 의존한 학습이 주된 방법이란 것과 역사나 철학적 배경지식이 매우 부족하다는 점이다.

첫 번째 수호의 기억력에 관련된 문제다. 기억력이 좋으면 학습에 매우 유리하다. 특히 기초적인 수준에서는 탁월한 효과를 발휘하기도 한다. 짧은 시간에 성적을 올리는 벼락치기도 가능하다. 학창 시절 벼락치기 한번 안 해 본 사람은 없을 것이다. 성적을 단

기간에 끌어올리는 면에서는 좋지만, 시험이 끝나면 아는 게 남아 있지 않다. 성실한 공부 방법은 아니다. 특히 심화 학습 단계로 갈수록 기억력을 발휘하기가 매우 제한적이다. 그래서 내용을 연결 짓지 않은 상태에서 외우기만 하는 것에는 한계가 있다. 수호는 좋은 머리를 믿고 공부를 소홀히 한 탓이 큰 것 같았다.

두 번째는 배경지식에 관한 것이다. 배경지식을 얻을 수 있는 독서가 공부의 밑거름이 될 수 있는데 수호는 공부할 시간이 모자라 고등학교에 와서 책 읽는 시간을 내기가 무척 어렵다고 말했다. 공부와 독서는 뗄 수 없는 관계다. 교과서에서 자세히 다루지 못한 지식의 틈을 독서로 채울 수 있어서 독서는 학교 공부에서 부족한 지식의 배경을 보완해준다. 또한, 읽은 내용을 요약 정리해서 다른 사람에게 설명하는 과정은 내용을 기억하게 하는 좋은 방법이다. 공부도 마찬가지로 읽고 요약하고 말하는 것으로 기억의 효율을 높인다는 면에서 독서와 다르지 않다.

공부는 다양한 배경지식을 채우고 여러 번 반복하는, 단순하고 우직하게 하는 것 말고 다른 방법이 뭐가 있을까? 수호는 지금까지 해오던 습관을 점검하여 자신에게 맞는 공부 방법을 만들어가는 것이 필요한 시점이었다.

학교에 다니는 것이 가치가 없다고 생각되면 책에서 답을 찾아보는 것도 좋다. 학교가 지루한 아이들은 학교 공부만 공부라는 생각이 지배적이다. 독서가 훌륭한 공부 방법임에도 불구하고 학교는 교과서 외의 책을 가까이하지 않으므로 독서를 통한 지원조차도 받기 어렵게 만든다. 독서는 기존에 연결되지 않았던 지식을 연결하는 창의적인 사고 능력을 발달시키는데 탁월하다. 직접 경험할 수 없는 영역의 지식은 책을 보는 것을 통해 가능하기 때문이다. 책 속에 담긴 이야기를 내 것으로 만들고 지혜로운 사람들의 생각을 참고로 내 생각을 정리하며 다음에 무엇을 할지 결심이 서게 된다. 하나의 질문에 대한 다양한 답을 내놓는 과정에서 자신이 살아갈 인생의 좌우명을 찾기도 한다.

물론 책이 모든 것을 해결해 주지는 못한다. 인생이 한순간에 바뀌는 마법이 일어나지도 않으며 독서는 에너지를 많이 사용하는 활동이라 쉬운 일도 아니다. 하나 확실한 사실은 책을 읽음으로써 다른 사람의 이야기를 간접적으로 들을 수 있을 뿐 아니라 기존 가치에 의문을 일으켜 더 나은 세상을 상상할 수도 있다는 것이다. 이처럼 책 읽기는 학습에 더해 인생 공부에도 좋은 영향을 준다.

만일 책 내용이 생각이 나지 않는다면 공부와 같은 원리로 생각해 보면 쉽게 답이 나온다. 반복해서 읽고 알고 있는 것을 입을 통해 설명하는 과정에서 확실히 아는 것과 알 듯한 것이 구분된다. 만일 알 듯하다면 책을 읽었으나 내용을 자기의 것으로 소화시키지 못하고 기계적으로 받아들이기만 한 까닭이다. 그러니 확실히 알 때까지 반복하는 것, 귀찮고 시간이 오래 걸리는 것 같겠지만 그것이 빠른 길이다.

이처럼 독서와 공부는 공통점이 많다. 세 가지만 들자면 다음과 같다.

첫째로는 목적을 가지고 읽는 것이 도움이 된다는 점이다. 그냥 하는 행위는 매너리즘에 빠질 수 있다. 기계적으로 하다가 어느 순간 싫증이 날지 모른다. 포기하지 않기 위해서는 목적이 무엇인지 명확해야 한다.

둘째는 하루에 10장씩이라도 꾸준히 해야 한다는 점이다. 근력을 키우고 싶으면 운동을 많이 해 봐야 하는 것과 같다. 꾸준히 조금씩 운동하다 보면 탄탄한 코어 근육이 만들어지게 되는 것처럼 꾸준히 하면 몸에 습관이 배게 될 것이다.

마지막으로 읽은 후의 정리가 더 중요하다는 점도 들 수 있다. 글자를 눈으로 보는 것이 아니라 핵심 내용을 파악하는 능력, 본 내용을 요약 정리해 보고 인출해서 다른 사람에게 설명할 수 있다면 아는 것을 극대화할 수 있다.

독서를 습관화한 사람은 책이 주는 즐거움을 안다. 아이들에게 책 읽는 즐거움을 알게 하는 것, 아이들이 책에 대한 좋은 경험을 만드는 것은 무엇보다 중요하다. 자연스럽게 책을 읽고 쓰는 훈련을 하면 그것이 평생 자산이 된다. 책을 읽을수록 생각의 깊이가 다르다는 것을 느끼게 될 것이다. 미처 깨닫지 못한 진실을 배우게 되고, 얼마나 자신이 모르는지를 깨우쳐 준다. 책이 주는 무게감은 몇십 배 이상이다.

메타 인지력을 키우자

오늘 모인 아이들은 12명으로 모두 1학년이다. 또래 상담 동아리원을 모집하는데 신청서를 낸 아이들이었다. 그것도 한 반에서 나온 신청자 숫자다. 면접을 충분하게 할 정도의 시간을 갖지 못하지만 매년 신청자가 많아서 아쉬운 대로 면접을 통해 선발해왔다. 오늘도 12명의 아이 중 반 정도는 동아리원이 되지 못할 것이다. 다른 반에서도 뽑아야 하기 때문이다. 동아리원이 되면 유익한 배움과 다양한 활동의 기회가 많다며 담임교사가 적극적으로 추천했던 모양이었다. 중학교 때 상담을 경험한 아이도 있었지만, 대부분 처음 하려는 아이들이라 동아리원이 되고 싶은 열망이 높았다. 이들 가운데 유독 한 아이가 눈에 들어왔다. 의자에 앉아 몸을 이리저리 흔들고는 옆에 있는 친구에게 스스럼없이 농담을 던지는 아이는 은우다. 혼자 큰 소리로도 웃었다. 내가 이름이 뭔지를 묻자 천연덕스럽게 다른 아이 이름을 대며 장난쳤다. 은우는 이 자리에 온 목적을 잘 파악하지 못하는 것 같았다.

겨우 점심시간에 짬을 낸 거라 면접이라고 할 것도 없었다. 코로나19로 인해 요즘은 격주 등교를 하는 까닭에 아이들을 만날 시간이 정말 부족하다. 한두 가지 간단한 질문으로 생각을 알아보기에도 빠듯했다. 시간이 없을 땐 전체적으로 아이들의 태도를 관찰하는 것만으로 상대방에 대한 짐작이 가능하다. 언어가 자신을 드러내기도 하지만 비언어적인 태도 역시 상대를 알아볼 수 있는 훌륭한 단서다. 아이들이 와 있는 몇 분 동안 특별한 말을 하지 않았지만 관찰한 것만으로도 개개인의 정보를 얻을 수 있었다. 은우를 보며 '대기하는 단계에서부터 누군가가 지켜본다는 것'을 짐작했거나, '자신의 말과 행동이 어떤 결과를 가져올지 예상했더라면 그렇게 행동했을까?'라는 생각이 들었다.

면접에서 간단한 질문에 대답하는 아이들은 두 부류로 나뉘었다. 하나는 생각 없이 몸만 와 있는 것처럼 답을 얼버무리는 그룹이고 나머지는 이 시간을 위해 예상 질문을 생각하고 준비한 그룹이다. 후자에 속한 아이들은 대답을 생각하는 과정에서 더 나은 답변을 하기 위해 머리를 쥐어짜며 많은 사고를 하게 되었을 것이다.

질문은 스스로 자각하게 만든다. 자신이 무엇을 알고 무엇을 모르는지를 알게 함으로써 최소한 자기가 무엇을 말하지 못했는지 정도는 깨닫게 되기 마련이다. 자신의 생각조차 정리되지 않았는데 남을 설득하기란 어려운 일이다. 학교에 다니지 않으려는 이유조차 명확하지 않은 아이들은 질문에 대답하기를 더욱 어려워한다. 나는 자기 행동을 설명하지 못하면서 학업중단을 고민하는 아이들에게 비슷한 맥락에서 다양한 질문을 던진다. 자신이 모르는 것이 무엇인지를 알게 하기 위해서이다. 그 과정에서 아이들이 모르거나 착각한 부분을 발견하고 부족한 점을 찾게 되기를 바란다. 모르고 있는 일로 인해 무슨 일이 발생할지 찾아보게 하려는 것은 이 과정을 통해 발전이 이루어지기 때문이다.

요즘처럼 기술이 급격히 변하는 사회에서 '배우는 능력'은 생존 도구와 같다. 아이들이 '학교를 왜 다니고 있는가?', '무엇을 배우기를 원하는가?'라는 질문에 대답하는 과정은 중요하다. 내가 알고 있다고 생각하는 내용을 막상 다른 사람에게 설명하려 할 때 제대로 설명이 되지 않는 경우가 생기지만, 사람은 자신이 무엇을 모르는지 알 수 있는 존재다.

자기를 이해하기 위해서는 무엇인가를 인지하는 과정과 더불어 이를 점검하는 또 다른 인지가 있다. 이를 '메타 인지'라고 부른다. 메타 인지는 '자신이 아는 것'과 '모르는 것'을 아는 것일 뿐 아니라 '아는 것'과 '정확히 아는 것'을 구별해 내는 능력을 가리키기도 한다. 메타 인지는 보통 성장하면서 함께 발달해 나가고 훈련에 의해서도 강화될 수 있다. 메타 인지를 기르는 방법은 아이들이 알고 있는 것을 말하게 해 주는 것이다. 선생님 놀이를 통해 다른 사람에게 내용을 설명해 주는 것이 가장 좋다. 시행착오를 거치며 꾸준한 노력으로 메타 인지를 키울 수 있다.

학교는 대학 입시만 준비하는 곳이 아니다. 모르기도 하고 틀리기도 하며 공부에 주눅 들지 않고 도전할 수 있는 곳이어야 한다. 그리고 문제를 어떻게 해결할지도 생각해야 한다. 언어로 정의되지 않으면 문제가 이해되지 않은 것이라고 말할 수 있다. 학교를 그만두는 것이 효율적인가? 시행착오를 해도 괜찮을 정도로 회복 가능한 일인가? 등을 모니터링해야 한다. 다른 가능성은 없는지 검증도 필요하다. 자기가 결정한 것이 잘한 건지 아닌지 모른다면 아직 메타 인지가 안 된 상태다. 자신의 행동이 어떤 결과를 초래할지 예측한다는 것은 무엇을 모르는지 알았다는 뜻이기 때문이다.

메타 인지력을 키우자. 무엇을 잘하고 못하는지에 대한 다양한 사고를 할 수 있게 한다면 훌륭한 교사다. 학교는 아이가 실패를 두려워하지 않도록 성장시켜야 한다. 머리로 배우는 지식을 가르치기도 하지만 실천하는 사람이 될 수 있게 연습하는 장이어야 한다고 믿는다. 정답이 있는 문제는 컴퓨터와 경쟁할 수 없다는 게 확인되고 있다. 인간만이 가지는 인지 능력은 자기 생각과 마음에 대해 사고할 줄 아는 성찰 능력인 메타 인지다. 자신을 제대로 안다는 것은 아이들의 인생에서 매우 중요한 일이다.

코앞만 보지 말고 멀리 보자

'끝날 때까지 끝난 게 아니다.'

마지막 타자만이 남은 9회 말 투아웃 그리고 투 스트라이크를 잡은 상태다. 다들 상대 팀이 패배를 면치 못할 거로 생각했다. 스트라이크 하나만 더 카운트되면 끝나는 경기였기 때문이다. 안 봐도 뻔한 경기를 보는 것은 지루하기까지 하다. 하지만 마지막으로 야구 방망이를 휘두른 상대 선수는 끝내기 안타를 쳤다. 결과는 역전승이다.

이는 야구뿐만 아니라 우리의 삶에도 적용된다. 타고난 조건과 행운은 인간의 힘으로 통제할 수 없다. 통제할 수 있는 것은 자신의 선택뿐이다. 선택에 따라 삶이 달라진다는 믿음. 끝날 때까지 끝난 게 아니다. 그래서 자신을 규정하는 좁은 틀을 깨고 탈출하려는 것이다.

19세기 말 아르 누보 화가인 알폰스 무하(Alfons Maria Mucha, 1860~1939). 나는 섬세한 곡선이 매혹적인 '무하 스타일'을 좋아한다. 전시회를 관람한 사람이라면 화려한 장식을 한 그림 속 여인들에게 매료되지 않을 수 없었을 것이다. 현상의 모습이라기보다 여성성과 신비함이 강조된 환상적인 포스터. 그 포스터 그림으로 예술의 도시 파리를 들썩이게 한 화가가 바로 알폰스 무하다.

지난여름 무하의 전시회에서 모티브를 자세히 감상하는 재미에 빠져 시간 가는 줄도 몰랐었다. 그림이 나를 끌어당기는 것 같았다. 여성의 모습은 그토록 눈부시게 아름다웠다. 눈이 아플 만큼 뚫어지게 바라보는 관람 태도는 그림을 자세하게 보게 하는 데 그만이다. 화가의 붓 터치마저 보이는 듯 생생하게 느껴지기 때문이다. 그러다 한눈에 다 들어오지 않는 큰 그림을 보기 위해 서너 발자국 물러섰을 때, 가득 찼던 시야에 여유가 생기자 바로 눈앞에 가까이 보이는 것에만 몰두했다는 사실을 깨달았다. 좀 더 뒤로 물러서자 벽면에 걸린 시리즈 그림들의 흐름이 느껴졌다. 사계절, 문학, 보석 등 여인의 모습들로 의인화한 시리즈물을 보석의 원색에 맞춰 그렸다는 것도 알 수 있었다. 하마터면 세밀함에 집착하다 전체적인 조화를 놓칠 뻔했다.

큰 그림은 사람을 물러서게 만든다. 그러면 비로소 그림 전체가 눈에 들어온다. 성취하고 싶은 중요한 일일수록 한발 물러서 보아야 하고, 뭔가를 손안에 넣으려면 쥐고 있던 다른 것을 놓아야 하기도 한다. 멀리 내다본다면 눈앞의 이익에 휘둘리지 않고, 지나가는 사건마다 감정 기복이 크지 않을 수 있다. 진짜 원하는 것을 알 수 있고 숨겨진 의미를 찾을 수 있다.

인생이라는 큰 맥락에서 삶의 가치를 어디에 둘 건지는 매우 중요하다. 청소년기에는 학교에서 또래끼리 소통하고, 함께 공부하며 대학 입시를 준비하고, 이후의 삶에 대해 생각하는 것은 의미 있는 일이다. 아이들이 코앞에 있는 대학만이 아니라 인생 전체를 생각하며 멀리 보았다면 어떤 일이든 신중하지 않은 결정은 내리지 않았을지도 모른다. 싫은 일을 잘 끝낸 사람은 하고 싶은 일을 할 때 훨씬 즐겁다. 그것을 위해 감내했던 힘든 시간을 잘 알기 때문이다. 누구든 자신이 좋아하고 원하는 일을 할 때는 없던 힘도 생긴다. 학업중단을 생각하는 아이는 자신이 얻는 것과 잃는 것에 대해 멀리 보고 깊이 생각할 필요가 있다.

다시 학업중단이 고개를 들고 있다. 코로나19로 인해 온라인에 익숙해진 아이들은 집에서 원격 수업받는 것이 더 편하다고 한다. 오히려 학교에 오는 등교 수업에 적응하지 못하고 불만스러워했다. 지환이는 온라인으로 하는 수업이 좋았다. 학교에 나오고 싶지 않았는데 이참에 잘 되었다고 생각했다. 아이들과 노는 것이 재미있었던 지난날엔 학교도 괜찮았지만, 이제는 교우 관계가 뜸해져서 재미를 붙이지 못했다. 당장 학교에서의 즐거움이 사라지자 학교를 그만둬야겠다고 생각했다. 학교가 아니어도 공부할 방법이 많았다. 인터넷 강의는 가격도 저렴하고 혼자서도 할 만했다. 학교에서 구글 클래스룸으로 올려 주는 수업 내용엔 집중되지 않아 시간 내서 볼 필요도 없다고 여겼다. 요즘은 공부할 채널도 많으니 꼭 학교가 아니어도 되겠다는 것이 지환이의 생각이었다.

지환이는 단지 대학 가는 것만이 목표였다. 이공계를 생각하지만, 세부적인 것까지 정하지는 않았다고 한다. 학교에 나가는 시간을 낭비라고 여겼다. 잘 모르는 부분은 인터넷 강의로 채우고, 시험에 응시할 과목만 선별해서 필요한 부분만 공부하면 시간적인 여유를 벌 수 있어 좋을 것 같다고 했다. 듣고 보니 지환이 입장에서는 그럴 수 있겠다는 생각도 들었다. 그러나 대학에 진학해서 전공하려는 이유가 있을 법도 한데 오로지 대학에 들어가는 것 외에는 하고 싶은 것과 계획하고 있는 것이 없다는 말은 걱정이 되었다.

지환이는 좀 더 시야를 확장하는 것이 필요하다는 생각이 들었다. 스스로 상상하지 않은 것은 결코 이룰 수 없으므로 하고 싶은 것을 하려면 자기 속마음을 들여다봐야 한다. 손을 뻗으면 쉽게 닿을 수 있는 작은 이익에 집중할 때, 주변에 있는 것은 눈에 들어오지 않는다.

'하루를 잘 보내는 것이 일 년을 잘 보내는 일'이라는 말도 있다. 나는 지환이에게 일일 계획표를 작성해 보라고 권유했다. 손쉬운 것부터 시작하면 어렵지 않다. 머릿속으로만 생각하기보다 할 일들을 계획한 일정표는 주어진 시간을 어떻게 보내는지 알게 하는 데 큰 역할을 하기 때문이다. 하루에서 일주일, 나아가 한 달가량의 일정표를 작성하는 습관은 멀리 보게 하는 장점이 있다. 5년 후, 10년 후의 미래를 그리게 만든다.

목표를 설정했으면 지속할 수 있도록 끝까지 해 봐야 한다. 좁은 틀을 깨고 밖으로 나오는 일이 잘되지 않았더라도 포기하지 말아야 한다. 안 된다고 생각될 때 오히려 한 번 더 참아 보는 것이다. 문제는 학교가 싫은 아이들은 참는 연습이 잘 안 되는 점이다. 그래서 스스로 싫은 것을 견뎌 내는 게 어렵다고 판단한다. 그러나 잘 생각해 보면 아이들은 이미 열정과 능력을 발휘하고 있다. 경기할 때, 실험할 때, 응원할 때, 자기가 좋으면 시키지 않아도 열성적으로 해낸다. 하지만 안타깝게도 다른 사람들은 아는 그 사실을 아이들 자신만 모르고 있을 뿐이다. 그것을 상기할 수 있으면 자신에게 한 걸음 더 다가간 것이다.

또 다른 문제는 가려는 방향을 모른다는 것조차 인식하지 못한다는 점이다. 대학 진학 후에 학업을 중단하는 아이들에게서 보이는 공통적인 특성이 있다. 그것은 장기적인 인생 목표가 없다는 것이다. 그저 코앞에 있는 대학 입학만을 바라며, 합격을 위한 공부만 하다가 대학에 들어간다. 입학하고 나면 대학에서 요구하는 방식으로 공부를 해야 하는데 이 과정의 어려움을 견디지 못해 결국 힘들게 들어간 대학을 포기할 수밖에 없다. 대학만을 목표로 공부한 사람은 목표를 이루는 순간 삶의 의미를 잃어버리는 이유는 아직 인생의 큰 그림을 그려 보지 않았기 때문이다.

코앞만 보지 말고 멀리 보자. 작지만 성공했던 경험을 찾고, 없으면 이제라도 만드는 것이 좋다. 뭘 해도 안 된다고 생각하는 아이들은 작은 성공마저도 경험하기 어렵다. 잘하는 아이들에게 치였던 경험으로 인해 당연한 것으로 받아들이기도 한다. 매번 같은 곳만 바라보면 다를 것이 없지만 같은 사물도 다른 각도에서 보면 새로운 세계가 될 수 있다. 분명 잘하는 것을 발견하거나 창조해 낼 수 있을 것이다. 사람들이 우습게 생각하는 것에 눈을 돌려도 좋다. 종이비행기 날리기나 줄넘기 하나로 세상을 놀라게 한 사람도 있다.

사람들은 작은 결실이 이어지면 큰 결과를 만들어 낸다고 말한다. 하지만 만들 작품을 구상해야 여러 개의 작은 열매를 맺을 수 있고 '구슬이 서 말이라도 꿰어야 보배'다. 방향성 없이 만들어 낸 결실은 노력하는 에너지에 비해 위대한 성과로 이어지지 않는다. 먼저 큰 그림을 그리고 연관성 있는 작은 승리의 경험을 쌓아 가는 것이 순서다.

제5장
아이들은 행복할 권리가 있다

있는 그대로 받아들이자

여자 친구와 헤어진 영수는 죽도록 괴로웠다. 헤어진 지 한 달
이 다 되어 가지만, 이별의 고통에서 벗어나려면 멀었다고 생각
했다. 아니 영원히 벗어날 수 있을까? 의문이었다. 학교는 시계추
처럼 왔다 갔다 하는 곳일 뿐 생각은 온통 거기에 머물렀다.

생각지 못한 복병은 전 여자 친구가 영수 친구들과 친하게 지낸
다는 것에 있었다. 그 때문에 친구들과도 소원하게 지내는 상황
은 영수를 더 힘들게 했다. 다른 아이들에 비해 말수가 적고 새로
운 친구를 사귀기도 쉽지 않은 영수는 지금의 친구들을 멀리하고
싶지도 않았다. 친구들과 어울리는 자리에 전 여자 친구가 합류

하면 갑자기 어색해지고 눈도 맞추지 못하는 자신이 바보스럽게 느껴졌다. 괜한 농담을 하거나 불편한 내기를 거는 친구들 때문에 신경이 날카로워졌다. 할 수 없이 함께 놀고 싶은 친구들을 뒤로하고 돌아오는 것을 선택했다.

영수는 여자 친구를 사귀지 않았어야 한다고 후회했다. 전 여자 친구는 성격이 활달하고 거침이 없어서 자신과 헤어진 뒤에도 아무렇지도 않아 보였다고 했다. 사귀게 되면서 자신의 친구들을 소개하며 자연스레 어울렸던 건데 굴러온 돌이 박힌 돌을 빼듯 자신보다 더 친하게 지내고 있다고 생각했다. 그동안 잘 지내 온 친구들을 멀리해야 하는 자신이 너무 못나 보였다고 말했다. 누구는 쉽게 생각하고 전처럼 자연스럽게 지내면 되지 않느냐고 말했지만, 말처럼 쉽지 않았다. 자신감을 잃은 영수는 모든 것을 자기 잘못처럼 생각하는 것 같았다. 여자 친구를 만난 것과 친구들에게 소개하면서 같이 놀았던 것 모두 돌이킬 수 없는 사실임을 안다. 그러나 친구들과 친했던 예전으로 돌아가고 싶었고 그러지 못하는 자신을 탓하며 우울해졌다. 스트레스가 높아지자 죽고 싶다는 생각마저 들었다고 했다. 나는 괴로움에서 한 발짝도 나가지 못하고 고스란히 고통을 감내하는 영수가 안쓰러웠다. 후회와 자책하는데 모든 에너지를 쏟고 비관적으로 생각하는 현 상태를 이른 시일 안에 바꾸기가 쉽지 않을 것 같았다.

당사자로서는 당연히 그럴 수 있을 것이다. 그런 상황에 부닥친다면 누구든 한동안 괴로움에서 벗어나기 힘들었을 테니 말이다. 그러나 실제보다 더 많이 괴로운 생각이 드는 이유는 자기 잘못이 아닌 것을 자신의 잘못으로 오해하고 있어서 그렇다. 자기 잘못이라고 말하는 아이들에게 무엇 때문에 그러느냐고 물으면 자기 생각에만 빠진 경우를 보게 된다. 그리고 장·단점을 말해 보라고 주문하면 의외로 단점을 더 많이 알고 있다는 것에 놀란다. 객관적으로 보이는 좋은 점들을 자신이 인지하지 못하는 경우가 많아서다. 음·양과 같이 좋은 것이 있으면 안 좋은 부분도 있고 단점도 달리하면 장점이 될 수 있다. 매력이 아니라고 여겼던 부분도 매력이 될 수 있으며 완벽해 보이는 사람보다 조금 허술한 사람에게 더 끌리기도 한다. 이런 사실을 인정한다면 자신의 단점은 보기에 따라 다를 수 있음도 알게 될 것이다. 하지만 힘든 시기 동안에는 안정화를 해 가며 부정적인 감정이 희석되기까지 지켜보고 제삼자의 시각에서 거리를 두고 '그럴 수 있다.'라며 자신을 받아들일 시간이 필요하다. 불안에 사로잡히면 멀리 보기가 어려운 까닭이다. 있는 그대로 받아들이면 자신이 그럴 수 있듯이 타인에 대해서도 그럴 수 있다고 점차 생각하게 될 것이다. 일종의 타당화 과정이다. 힘들더라도 먼저 상대를 인정해 준 후 마음이 열린 상태가 되었을 때 비로소 소통하는 것이 더 나은 관계를 유지하는 방법인 것처럼 말이다.

  학교에서 현준이는 인사도 잘하고 밝은 성격의 아이였다. 워낙 밝아서 상대방의 꿀꿀했던 기분마저 단번에 날려 줄 정도다. 현준이가 환하게 웃는 것을 본 사람이라면 공감했을 것이다. 새 학기가 시작된 지 얼마 지나지 않았는데 학교에서는 햇살같이 환한 '텔레토비'로 통하고 있었다. 이름보다 별칭이 먼저 붙어 버렸다. 동급생이지만 다른 아이까지도 챙겨 주는 마치 맏형 같은 존재였다. 경찰서에서 연락이 오기 전까지는 현준이가 그럴 것이라고 아무도 생각하지 못했다. "그 아이가 얼마나 밝은데요."라고 담임이 아닌 교사들까지도 한목소리다. 모두 그럴 리가 없다고 생각한 일에 충격을 받은 모습이었다.

  현준이가 죽으려고 했었다는 사실이 알려지면서 웃음 뒤에 가려진 진실이 드러나게 된 것이다. 힘겹고 어려운 현실을 그대로 꺼내놓고 싶지 않았다고 했다. 한 해 전 어머니가 돌아가신 것을 감추고 싶었고, 궁핍한 가정환경이 드러나지 않도록 하고 싶었다는 것이다. 돈을 많이 벌어서 어려운 아이들을 도우려는 목적으로 경제에 관심이 많다는 사실도 새삼 알게 되었다.

  그 일이 있고 난 뒤 담임교사는 현준이의 동태를 살폈다. 아침마다 학급 봉사 활동을 스스로 나서서 하는 아이였는데 가만히 앉아 있는 것이 이상하리만큼 평소와 다른 모습이라 눈에 더 띄었다고 했다. 새롭게 알게 된 사실 앞에 어떻게 해야 할지 고민된다며, 아이가 무슨 일로 죽으려고 생각했는지 알고 싶은데 말을 꺼내지 못했다고 했다.

현준이는 내게 와서도 자살을 하려고 생각한 이유에 대해 말하지 않았다. 나도 어떤 마음이었는지가 궁금했지만, 그냥 그 상태를 인정해 주었다. 한동안 말없이 서로 앉아 있었다. 침묵이 흐르는 가운데 나는 낮은 목소리로, "현준이를 생각하고 있는 사람들이 많아, 현준이가 힘들 때 언제든 도와줄 수 있는 사람들이야."라고 말했다. 현준이는 숙였던 고개를 들어 잠시 나를 바라보고는 다시 고개를 떨어뜨렸다. 우리는 서로의 영역을 침범하지 않았다. 말해야 하는 불편감과 직업적 의무감 너머의 완충 지대를 형성해 갔다. 중립 지역에서 요점과 동떨어진 이야기를 한 시간 넘게 나누었다. 그렇게 서로를 기다려 주며 핵심에 다다를 수 있었다.

기다려 주는 것이 효과적일 때가 많다. 아무리 좋은 말이라도 상대가 들을 준비가 되지 않았다면 소용없는 일이다. 하고 싶은 말이 많아도 줄여야 한다. 대화가 원만하지 못할 때는 기다리는 시간이 필요하다. 상대방은 아직 준비가 안 된 상태일 수 있다. 원하는 것을 하지 않는다고 자기 뜻대로 사람을 바꿀 수는 없는 일이다. 누구나 가지고 있는 장·단점을 인정하고 받아들이는 것은 존재 자체를 인정하는 것과 같다. 하지만 아이들은 단점이 없는 완벽한 사람이 되고 나서야 비로소 사랑받게 되는 줄 착각한다. 그래서 장점만 보여 주며 괜찮은 사람인 척하기도 한다.

자신을 있는 모습 그대로 인정하지 못하는 것은 자기 수용이 잘 되지 않아서다. 자기 수용이란 자기 자신의 감정 등을 있는 그대로 볼 수 있게 되는 것을 말한다. 좋은 점과 나쁜 점 모두가 '나'에게 포함되는 것이다. 장점만 남기고 나머지를 버리는 것은 가능하지 않다. 그럼에도 불구하고 많은 사람들이 마음을 둘로 나누어 마음에 드는 쪽만 자기 것으로 받아들이길 원한다.

자기 수용이 제대로 되지 않으면 자기 이미지가 왜곡된다. 결과적으로 자존감에 문제가 생겨 겉으로 보기에는 멀쩡할지 몰라도 내부에서는 자아라는 시스템이 원활하게 돌아가지 않아서 자신도 타인도 혼란스럽긴 마찬가지다. 담임교사가 현준이를 도울 수 있는 것은 결국 자기를 수용하는 방법을 알려 주는 것이다. 자기를 수용하는 몇 가지 마음가짐 훈련에는 다음과 같은 것들이 있다.

· 자기 존중에 조건 달지 않기
· 그러지 못하는 이유를 파악하기
· 내 잘못이라는 생각에서 벗어나기
· 자신의 장·단점을 알아보기
· 자신을 있는 그대로 바라보기

- 개선 가능한 것과 아닌 것을 구분하기
- 주변에서 벌어지는 일에 흔들리며 중심 잡기

있는 그대로 받아들이기는 고통스러울지 몰라도 시간이 지나면 평화로운 삶이 찾아온다. 다르다는 것이 틀린 것은 아닌데 아마도 제시된 모범 답안 같은 남의 옷을 입고 자기를 나쁘게 생각하도록 학습되었기 때문일지도 모른다. 자기만이 가진 부족함과 넘침을 있는 그대로 받아들일 때 진정한 관계가 시작되고 변화를 꿈꾸는 사람으로 성장한다. 자신에 대해 잘 알고, 상대방을 아는 폭을 넓힐수록 좋은 인간관계를 이어 갈 수 있다. 타인의 말이나 태도, 행동의 차이를 파악한다면 상대방의 관계도 개선할 수 있는 지름길이 보일 것이다.

나와 다른 사람을 제대로 이해하기 위해서 있는 그대로 받아들이는 마음을 가져야 한다. 학교에서 익혀야 하는 덕목 중에 하나다. 학교는 아이들이 적응할 수 있도록 이끌어 주고, 의견을 존중하며 지나친 기대와 간섭을 줄임으로써 주도적으로 할 수 있도록 지원해 주는 역할을 하는 곳이다. 이는 아이 스스로 변화를 가져오고 자신의 행동에 책임감을 느끼게 하는 첫걸음이다. 훌륭한 교육은 자신의 경험을 바탕으로 적절한 피드백을 받아 스스로가 깨달음을 얻도록 돕는 일이다. 아이러니하게도 변화는 자신을 있는 그대로 인식하는 데서 더 잘 일어난다.

다름을 인정하자

서해안에는 수심이 비교적 얕은 천수만이 있다. 바다지만 수심이 10m 이내로 얕고 작은 섬들로 둘러싸인 곳이다. 나는 갯벌을 흙으로 메워 광활한 농지로 변모한 천수만을 방문한 적이 있다. 이곳 일부를 메워 만든 간척지는 추수가 끝나고 나면 전 세계에서 해마다 수십만 마리의 철새가 날아들어 장관을 이뤘다. 사계절 내내 관찰이 가능하지만, 특히 겨울은 철새를 탐조하기에 그만인 계절이다. 천수만은 초록의 생기 가득한 벼가 끝없이 펼쳐진 광대한 평야에 노랗게 익어 가는 이삭의 황금 물결, 겨울철 하늘에 수놓은 철새들로 연중 생명이 약동하는 낙원 그 자체다.

바다를 막은 방조제 길 안으로 생긴 부남호와 간월호는 호수인지 바다인지 구분하기 어려울 정도로 광활한 담수호다. 대규모 논농사로 인한 떨어진 이삭 그리고 식물과 어류, 갈대숲이 형성된 곳으로 새들이 자연스럽게 모여들어 국내 최대의 철새 도래지가 되었다.

새가 있는 곳은 어디든 가는 새 박사 윤무부 교수. 그는 국내에서 새에 대해서는 독보적인 존재다. 아주 오래전에 철새를 탐조하는 교수님을 만나러 새벽 무렵 도래지를 찾아갔었다. 그곳은 천수만에 있는 간월도로서 가창오리, 큰기러기, 노랑부리저어새, 황새, 물떼새, 흑두루미, 큰고니 등 온갖 철새가 모여드는 세계적인 철새의 고향이다.

우리는 철새가 알아보지 못하도록 위장복을 입었다. 그러고는 풀 사이에서 꼼짝하지 않고 한 시간 이상을 관찰했다. 먹이를 찾아 논을 뒤적이는 새들의 크기와 색깔, 몸짓 등이 제각각이었다. 교수님은 철새를 관찰하기 위해 유의할 사항을 알려 주셨다. 시력과 청력이 발달한 새들에게 눈에 잘 띄는 색상인 빨강, 노랑, 흰색 등은 될 수 있으면 피하고, 연출된 사진을 찍으려고 새를 날게 하는 일은 삼가야 한다고 했다.

한동안 탐조만 하는 것에 지루함을 느낀 나는 앞에 있는 새와 거리를 두고 기다려야 하는 이유를 물었다. 철새의 습성을 잘 아는 교수님은 "철새들이 의심하지 않아야 관찰할 수 있다."며 기다리는 시간조차 설레했다.

　새를 사랑하는 사람은 기다림의 시간마저도 즐거워한다는 생각이 들었다. 한 장의 사진을 얻는 것이 이렇게 어려울 거라고는 예상치 못했다. 교수님은 새를 열정적으로 사랑했고 나는 촬영이 중요했다. 철새를 탐조하고 아름다운 사진을 얻으려는 목적은 같았지만, 새를 바라보는 관점에서는 차이가 있었다. 서로의 생각이 옳고 그른 것이라기보다 다름이었다. 오히려 다른 시각을 가진 사람과 함께 있으면서 그 차이로 인해 여러 가지를 배울 수 있다고 생각했다. 탐조에 지식도 경험도 없던 나는 교수님을 통해 새를 사랑하는 마음이 클수록 자연환경을 보존하려는 마음가짐도 커진다는 것을 알게 되었다. 관찰에 필요한 도구나 조류 도감도 꽤 유용했다. 새에 대해 가장 많이 알고 있다고 인정받는 교수님도 항상 조류 도감을 옆에 끼고 있는 모습은 나에게 깊은 인상으로 남았다. 나와 다른 관심으로 삶을 바라보는 사람과의 교류는 나를 더욱 풍요롭게 했다.

　진우는 처음 나를 보자마자 우울하다고 털어놓았다. 병원에도 다녔지만 별다른 효과가 없는 것 같다고 말했다. 그리고 시간이 얼마 지나지 않아 자신의 가정환경에 대해서도 술술 이야기했다. 현재 상태에 이르게 된 것은 믿어 준 친구가 배반했었던 기억으로 타인을 믿지 못하게 되었고, 이제는 사람을 믿지 않는다고 했다. 그로 인해 지금껏 사람에게 다가가지도 외면하지도 못하며 심리적 갈등을 겪고 있다고. 마스크로 가려진 얼굴에서도 사뭇 진지함이 느껴졌다.

그 당시에는 관심과 사랑에 목말라했었다고 한다. 자기에게 잘해 주며 다가오는 사람에게 모든 것을 맞추려고 노력했던 것처럼 타인이 자기와 같은 마음으로 대해 줄 것이라고 철석같이 믿었다. 좋은 관계를 유지하려는 마음에 타인의 요구가 받아들여지기 힘들더라도 들어 주려고 전력을 기울인 것을 타인이 이용한다고 생각하게 되자 깊은 절망에 빠졌다. 그 후로 자기도 통제하지 못할 정도로 활기를 잃었다고 한다. 그때는 자신이 어떤 상태인지조차 몰라서 방치한 탓에 증상이 깊어진 것 같다고 말했다. 사회적 관계가 필요하므로 친구와 가까이하고 싶지만, 친구들에게 마음을 열기까지 오랜 시간이 걸리고 그나마 마음을 주었다가도 다시 실망할 것을 염려해 이대로 정을 줘도 될까 말까를 망설이는 자신이 싫다고 했다. 타인에게 맞추려고 노력했던 까닭에 다른 사람들이 무엇을 원하는지 잘 알게 되었으나 정작 자신이 원하는 것이 무엇인지 모른다며 한숨을 쉬었다.

진우는 겉으로 보기에는 처음에 무엇이 문제였고, 지금 어떤 것을 힘들어한다는 사실에 대해 논리적으로 설명하고 분석할 수 있을 정도로 자신의 문제에 잘 접근하고 있었다. 많이 알고 있어서 자신을 더 이해할 수 있을 것처럼 보여도 내게는 그 상태에 머무른 채 어떠한 진전도 없는 것으로 느껴졌다. 오히려 견뎌내기 힘든 정서로부터 자신을 분리해 내는 것 같았다. 나는 진우가 자기 생각을 먼저 말하는 것으로 갈등을 일으키는 상황을 피해 현실에 대한 검토와 실제적인 행동 없이 지적인 방식으로 불안을 감소시키려 하는 것으로 생각했다. 이는 프로이트(Sigmund Freud, 1856~1939)의 방어 기제 일종인 '주지화'(Intellectualization)다. 주지화는 감당하기 어려운 정서를 분리하고 지적인 분석으로 문제에 접근하고자 하는 태도를 의미하는 용어다. 진우는 믿을 만한 사람이 없다고 말하지만 실은 누군가를 의지하고 믿고 싶은 마음이 큰 것을 알아차리지 못하는 것처럼 보였다. 주지화를 오랜 기간 사용하면 정서를 느끼고 표현하고, 자신의 진정한 욕구가 무엇인지 파악하는 데 어려움을 겪을 수 있다. 진우의 감정선은 기복 없이 평온한 수평선 같았다. 반듯한 일직선이 주는 차가운 느낌이랄까. 수면 위로 올라오지 못하게 평형을 유지하며 힘겹게 버티면서 감정이 폭발하는 상황을 상상하기 싫어했다. 인위적으로 눌러 놓은 듯한 아슬아슬함도 느껴졌다.

누구나 생각하는 방식과 바라보는 견해가 다를 수 있다. 자신이 인간적인 한계가 있고 불완전한 존재라는 것을 받아들이면서도 타인이 실수하는 것을 인정하는 게 잘되지 않는 때도 있다. 당위적 사고와 정해진 답이 있다는 생각과 틀린 말이 아닐까 하는 지나친 자기검열은 다양한 사고를 방해하는 원인이 되기도 한다. 나아가 모호한 답을 허용하지 않을 뿐 아니라 상대방의 반대 의견이 상처로 돌아온다.

다르다는 것은 틀린 것이 아니다. 나와 다른 환경에서 자라 온 타인을 이해하기는 쉽지 않을뿐더러 다른 사람의 차이점을 받아들이는 것이 생각보다 어려운 일이나 사람은 모두 다르고 각자는 유일한 존재임이 틀림없다. 자신이 자라 온 환경, 부모와의 관계, 자기 안의 모습 등은 여러 경험과 지식이 축적되어 만들어진 결과다. 존재하는 모든 것을 소중하게 생각하고, 삶이 다양하며, 도전 정신을 갖게 하는 것은 바로 각자가 가진 차이점 때문이다. 이는 한 사람의 고유한 특징이자 타인과 다른 방식으로 삶을 바라보게 하는 근원이다. 그러므로 다름을 인정하는 것이 곧 인생을 풍요롭게 하는 인간관계의 시작이다. 친구들과의 관계가 조금은 편안해질 수 있을 비법도 여기에 있다.

실패가 꼭 실패만이 아니다

민성이는 학교가 다니기 싫은 이유가 많았다. 도저히 다닐 수 없을 정도로 스트레스가 커졌다며 숙려제를 형식적으로만 참가한 후 바로 자퇴서를 제출했다.

소속이 없어진 아이는 학교의 관리 대상에서 학교 밖 존재로 넘어간다. 학교 밖에서 관리하려면 동의가 필요한데 학생과 부모가 개인 정보 제공에 동의하지 않을 때는 그조차도 어렵다. 그런 경우 학교 밖으로 나간 아이가 어떻게 사는지는 알 길이 없다. 민성이는 빨리 학교를 그만두고 싶고 앞으로도 학교 생각은 하지 않을 거라며 동의하지 않았다. 따라서 학교에서도 학교 밖의 시스템에서도 벗어났다.

그만둔 아이 중에 앞길을 잘 개척해 나갈 것이라 믿게 되는 몇 명의 아이도 있었다. 학업을 중단한다고 다 걱정스러운 것은 아니지만, 학교에 있는 것이 나을 것으로 판단되는 아이들에 대해서는 계속 신경이 쓰였다. 어디 가서 무엇을 하는지, 잘 지내고 있는지가 궁금했다. 마땅히 방도가 없었기에 가끔 생각이 나도 '잘 지내고 있을 거야.'라는 생각으로 애써 불안을 떨쳐 버렸다.

'인지 부조화'는 신념과 실제로 보는 것 간에 불일치나 비일관성이 있을 때 생긴다. 인지 간에 생긴 불일치가 불편한 까닭에 사람들은 이 불일치를 제거하려 한다. 내가 걱정하며 마음 불편하게 생활하느니 차라리 그 아이가 잘 지낼 거라고 생각을 바꾸는 것도 불일치를 제거하려는 마음에서다.

나는 다른 방법으로 불편을 상쇄할 생각을 해냈다. 직접 그 아이에게 연락해서 확인하는 것이었다. 학교를 그만두기 전에 혹시 그런 상황에 대비해서 전화를 해도 된다는 구두 동의를 얻어 놨었다. 어머니를 통해 바뀐 번호를 알아내고 민성이와 오랜만에 통화가 되었다. 떠난 지 1년이 다 된 학교에서 연락 온 것에 어리둥절한 듯했지만, 친절히 받아 주었다. 간단한 인사와 반가움을 전하고 나서 근황을 물었다. 공업사에서 일한다고 했다. 지난 6개월간 아침부터 밤 9시까지 일하느라 잠잘 시간밖에 없었다고 했다. 열심히 살려고 한다는 믿음직스러운 말도 들은 터라 다행이라는 생각을 하고 있었다. 걱정한 것보다 잘 지내고 있었다며 안심을 하려는데 뜻밖의 마음을 토로했다. "학교에 다닐 걸 그랬다."는 것이다. 지금 하는 고생을 생각하면 그 노력으로 공부를 했으면 잘했을 거라고 후회했다. 그러면서 자신 같은 후배가 있으면 학교를 그만둘 생각은 하지 말라고 꼭 전해 달라는 당부를 했었다. "할 수 있다면 도시락을 싸 들고 쫓아다니면서라도 말리고 싶다."라고도 말했다. 나는 '학교를 그만두고 고생이 많았구나.' 하는 생각에 안쓰러워하다 얼른 마음을 바꿔 용기 줄 말을 찾았다.

"삶이란 많은 요인이 복잡한 상호 작용으로 이루어지는 것이다. 의도하지 않은 일에 의해 실패와 좌절을 겪을 수도 있고 반성해서 개선할 수 있으면 개선하며 사는 것이다. 모든 일에 성공할 수는 없다. 그렇다고 실패가 꼭 실패만이 아닌 이유는 인생 항로가 달라지면 새로운 삶이 열리기 때문이다. 적어도 어제의 '나'와 비교해서 오늘의 '나'가 더 나아진다는 것만은 확실하다."

니는 민성이에게 그런 말을 들려주며 잘하고 있다고 격려해 주었다. 학업을 중단하고도 학문의 길은 얼마든지 열려 있다. 마음만 먹으면 복학도 가능하고 검정고시에 응시해 고등학교 졸업을 인증받을 수도 있다. 학업중단이 실패였다고 해도 '내 길이 아닌가 보다.'라고 생각해야 한다. 좌절과 실패로만 여길 수 없는 일을 실패라고 생각하는 자체가 실패를 부추길지도 모를 일이다. 만일 실패라고 생각한다면 이후에 '왜' 그랬는지 그 이유를 찾아내야 한다. 같은 실수를 반복하지 않기 위해서다. 고쳐서 더 좋게 만들 수도 있다. 자신의 길이 아니면 가지 않을 용기도 있어야 한다. 학업중단을 하지 않았더라면 그런 깨달음을 얻었을까? 라는 의문에 스스로 답해 보는 것도 좋은 방법이다.

실패 원인을 깨달았으면 이제부터 뭘 해도 잘할 수 있다. 민성이는 실패를 통해 학업중단을 새롭게 바라보았고, 실패를 뼈저리게 느끼며 공업사에서 밤낮으로 열심히 일하고 있다. 과거를 경험 삼아 그곳에서 승부를 걸고 다시금 해 보려는 마음을 다잡아야 한다. 그 일은 혼자서도 열심히 하면 되는 일이라 하지 않을 때보다 나아지고 있다면 괜찮은 것이다. 지금 성실하게 노력하고 있으며 앞으로도 얼마든지 잘할 수 있다는 것만 민성이가 알면 된다고 생각한다.

누구나 삶은 자기가 살아야 할 몫이다. 대체로 부모는 아이가 자신보다 더 나은 인생을 살아야 한다는 강박 관념을 갖고 있다. 부모 자신이 옳다고 생각하는 것과 다른 삶을 선택할까 불안한 탓에 아이가 생각하고 결정할 기회마저 주지 않는다. 시키는 대로만 하면 성공한다고 굳게 믿고 있는 부모도 많다. 부모 말을 들으면 실패할 확률은 낮아질지 모르나 원하지 않은 인생을 살게 될 것이다. 혹은 낮은 현실 감각 탓에 뭐든 하면 될 거라는 과도한 긍정심에 빠지게도 한다. 그게 아니라는 것을 사회에 나가서야 뒤늦게 경험하지만, 그때는 좌절을 감당하지 못할 수 있다. 스스로 결정하는 힘이 아이들을 자기 삶의 주인으로 살게 하는 것이다.

실패 없는 삶이 존재하기나 할까? 아이들은 실패를 통해 실패하지 않는 법을 배우고 실수와 실패는 자신을 단단하게 만드는 요소로 작용한다. 인간은 넘어지고 깨지면서 스스로 걷는 법을 배운다. 넘어진 아이는 당장 일으켜 세우지 않아도 혼자서 일어난다.

뜻대로 되지 않는다고 두려워하지 말자. 마냥 맡겨 놓기에는 불안하고, 실망스러운 일이 생기기도 하겠지만 스스로 조정할 수 있을 때까지 기다려 줘야 한다. 차츰 아이는 자신에게 맞는 어떤 것을 찾아 꿈을 구체화할 것이다.

노력하고 성실하게 임했어도 의도하지 않은 일에 의해 실패를 경험하는 일은 무수히 많다. 특히 경쟁 상대가 많거나 타인의 평가로 결정되는 일의 경우가 그렇다. 경쟁 상대가 많은 일, 타인이 평가하는 일은 내 뜻대로 되지 않는다. 나보다 열심히 하는 사람들이 얼마든지 있기 때문이다. 나머지는 통제할 수 없는 영역의 일이다. 농부가 비료 주고, 물 주고, 뙤약볕 아래 풀 뽑는 정성을 들이지만 냉해와 병충해가 오면 그해 농사는 망치게 된다. 농부가 그것까지 통제할 수는 없는 일이다. 그럼에도 불구하고 열심히 하면 답은 있다. 세상도 나를 도와준다. 성공하길 원한다면 실패할 기회도 주어야 한다. 헨리 포드(Henry Ford, 1863~1947)는 "실패는 사람에게 더 현명하게 시작할 기회를 제공한다."라고 말했다. 성공하지 못했다고 해서 실패자는 아니다. 새로운 길로 들어서는 문을 열면 새로운 인생이 시작되는 것이기 때문이다.

아이들은 스스로 성장한다

마음을 치명적으로 무너뜨리는 일은 자기도 모르는 사이에 많은 것들을 비관적으로 생각하게 되면서 시작된다. 사람 사이의 갈등도 마찬가지다. 소소한 일로부터 발생해서 걷잡을 수 없이 커지는 경우가 많다. 아무리 어려운 일이라도 할 수 있는 작은 것부터 그때그때 하나씩 해결하는 것이 해법이다. 힘들 때 행복했던 순간을 기억해 낼 수 있다면 그것을 기억하는 사이에 고통의 정도가 조금씩 내려가는 것을 경험한다. 결국, 고통과 갈등은 해결의 과정이 더 중요하다.

모임에서 수현이 엄마가 내게 하소연했던 내용이다. 수현이는 이제 엄마에게 허락을 받지 않는다. 아이가 스스로 결정하는 것이 많아져서 "엄마, 나 이렇게 해도 돼?"라는 질문을 받은 지 1년쯤 되었다고 했다. 가끔은 혼자서 뭔가를 하는 것 같은데 비밀이라며 알려 주지 않기도 했다. 얼마 전 시흥에 다녀온 일을 물었을 때, 수현이는 "말해 줘도 되는 거지만 말하지 않겠다."고 말했다. "별일 아니니까 엄마가 걱정하지 않아도 된다."며 엄마 마음을 다독거려주는 기특함도 발휘했다. 수현이를 신통하게 생각하다가도 아이가 다 커서 이제 더는 자신이 할 일이 없어지는 것 같다며 씁쓸해했다.

수현이는 고등학교 2학년을 다니다가 학교를 그만두었다. 수현이 엄마는 우울증에 걸릴 만큼 아이로 인해 속을 썩였다. 학교에 가지 않는 아이를 어떻게 해야 할지 몰랐다. 한동안 기대를 내려놓지 못해 혼을 내기도 하고, 학교에 가도록 설득하기도 했지만 그러는 사이 아이는 더 삐뚤어지고 관계는 더 나빠지는 것 같았다. 그러다 어느 순간 평생 자식과 등지고 만날 수 없을지도 모른다는 생각이 들어서 아이를 믿어주는 방향으로 어렵게 마음을 바꾸기로 했다.

부모가 아이와 이루어야 할 요소 가운데 하나가 신뢰하는 관계다. 어떤 아이도 원만한 인간관계를 맺고 살아가는 것이 중요하다. 인정하고 믿어주는 관계가 지속되면 아이는 다른 사람과 바람직한 관계 형성이 쉬워진다. 그러므로 "자랑스러운 아이만 자식이 아니라 백수건달이 되어 아무짝에 쓸모없어질 것 같이 미덥지 못한 자식일지라도 정신을 차리는 때가 올 것이다."라고 부모는 그렇게라도 자녀를 믿어야 한다. 이후로 수현이 엄마는 아이를 믿어주고 옆에 있어 주기만 했는데 학교를 그만둔 수현이는 3년 만에 대학생이 되었다. 아이 스스로 자신의 길을 찾아간 것이다.

사람은 무언가를 하면서 더 많은 것을 배운다. 그런 사실을 알아갈 수 있도록 자기 일을 스스로 결정할 기회를 주어야 비로소 가능해진다. 그러므로 아이들이 스스로 생각하고 판단하고 결정하도록 오랜 시간 동안 믿고 기다려 주는 일의 중요성은 거듭 강조해도 부족할 정도다. 자신이 가진 무궁한 가능성을 발현시키는 것은 오로지 자기 자신뿐이기 때문이다.

서해는 자신의 방황이 얼마 가지 않을 줄 알았다고 했다. 부모도 아이가 학교를 그만두겠다고 말했지만, 내심 시간이 지나면 그 말이 사라질 것으로 생각했다. 잠시 고민하다 다시 가방을 들고 학교에 갈 거라고 믿고 싶었고 걱정이 현실이 되지 않길 간절히 빌었다. 하지만 고민을 시작한 지 석 달이 지날 때쯤인 고등학교 1학년 중반 무렵에 서해는 자퇴했다. 남들이 부러워하는 외국어 고등학교를 그만둔 것이다.

자식 이기는 부모가 없다고 하더니 결국 서해를 끝까지 말리지 못한 부모는 절망했다. 그것밖에 안 됐나 싶어 자녀가 못나 보이기까지 했다. 저대로 일어나지 못할까 봐 전전긍긍했고, 이 일로 부부 갈등이 심해지기도 했다. 서해는 자기 고민에 더해 부모의 고통까지 짊어진 꼴이 되었다. 점차 입을 다물기 시작하더니 대화가 사라지고 온종일 방안에 틀어박혀 있었다. 누가 들어오는 것도 싫어했다. 학교를 그만둔 후 아침에 일어나는 시간도 들쑥날쑥했다. 부모는 방에서 무얼 하는지 알지 못해 속을 끓였다.

서해는 제법 똑똑한 아이다. 음악과 스포츠를 좋아하고 어릴 때는 공부도 곧잘 했었다. 공부 압박을 받는 상황에서는 다른 사람과 비교하고 자기를 몰아세우며 극복하려고 노력했다. 무리수였기는 했으나 한번 해 보겠다는 굳은 마음으로 턱걸이로 들어간 외고에는 자기에 비할 수 없을 만큼 잘하는 아이들이 많았다. 뒤처지지 않으려고 나름으로 열심히 공부했지만, 성적은 점차 하락했고 해도 안 된다는 생각에 무기력해졌다.

중학교 때에는 오지 않았던 사춘기가 시작된 것 같았다. 17세가 돼서야 자기 정체성에 대한 깊은 고민이 생겼다. 정서적으로 예민해지고 이성에 대한 호기심이 높아지며 누구든 한 번은 꼭 겪게 되는 그 시기. 부모의 요구에 순응했던 과거와 달리 민감하게 반응했다. 부모는 한동안 아이와 거센 대립각을 세우기도 했지만, 이제 아이에게 맞춰 주려 했다. 부모의 입장에서는 어쩔 수 없는 상황이었다. 그대로 두었다가는 아이를 망칠 것 같은 불안이 엄습했기 때문이다. 가고 싶다는 음악회 표를 예매해 주었고, 스포츠 경기 관람권도 사 주었다. 서해는 타지에서 열리는 음악회에 가기 위해 새벽에 집을 나서기도 했다. 집에 있는 시간보다 밖에 나가는 일이 많아졌다. 그러나 일 년이 지나도록 달라질 기미는 보이지 않았다.

서해를 바라보는 부모는 조급했다. 경쟁에서 이겨야 하고, 좋은 대학을 나와서 대기업에 들어가야 아이를 잘 키운 것이라는 부모의 생각은 여전해 보였다. 스케줄을 관리하고 자주 간섭할 수밖에 없다는 생각을 하고 이제 그만할 때가 되었다며 부모 기준을 잣대 삼아 아이를 다그쳤다.

아이를 믿어주는 것을 가장 어려워하는 사람은 부모다. 잘 알지 못할 때 두려움은 눈덩이처럼 커지고 믿음이 없으면 늘 불안하다. 아이에 대한 믿음이 처음부터 생기지는 않는다. 부모의 끊임없는 노력이 동반되어야 가능한 것이다. 자기의 능력이 되지 않는데 부모 요구에 억지로 따라가다가 난관에 봉착한 아이는 어떻게든 어려운 고비를 넘어가고 싶어도 그럴 기운이 없다. 그렇다고 섣불리 개입하면 점차 혼자서는 할 수 없는 아이가 돼 버린다. 그러므로 조급증을 내려놓아야 하는 것은 부모의 몫이다.

스스로 배운다는 건 누구의 지시나 간섭을 받는 대신 자기 자신이 주도권을 가지고 선택과 책임을 지며 경험하는 일이다. 비단 공부에 국한된 것만이 아니다. 결국, 아이가 중심이 되어야 다양한 상황에 스스로 직면하고 돌파해 나갈 때 해결 방법을 터득해 내는 것이 가능하다. 그러므로 스스로 할 수 있는 아이가 되도록 기회를 주는 것이 바람직하다.

다행히 마음만 먹으면 원하는 정보를 쉽게 찾을 수 있다. 책 한 권을 펼치고, 강연으로 성장 욕구를 채우며, 인터넷이든 교육기관이든 어디서든 필요한 정보와 배움을 무궁무진하게 얻을 수 있는 세상이다. 자신의 능력으로 성장시킬 줄 알게 된다면 늦더라도 자기 삶의 주인공이 될 수 있다. 우리는 인생의 주인공이 자신이란 뻔한 말조차 자주 잊고 산다.

아이들이 학업을 중단하는 일은 자기가 처한 상황에서 살고자 하는 최후의 몸부림이다. 자신의 삶을 어떻게 꾸려 갈지 누구보다 치열하게 고민하고 선택한 결과다. 그렇다 하더라도 남들이 하지 않은 경험이 아이의 독립과 자립에 큰 몫을 하고 스스로 책임지는 아이로 성장해 나갈 기회로 작용하게 할 것인가는 예상과 달리 주변 사람이 주는 여파가 크다. 아이들의 성장에 있어 영향력이 큰 누군가는 그들에게 행복의 순간을 만들어 주기도 하지만, 잔인하게 무너뜨릴 수도 있기 때문이다.

아이들은 늘 성장한다. 어렵고 힘든 순간조차도 아이는 성장하고 있다. 자기에게 맞지 않는 옷을 벗어 던지고 새로운 길을 가기란 생각보다 쉽지 않다. 보호막 없는 가장 위험한 순간을 맞이하는 일은 용기가 없으면 하지도 못한다. 자기 일에 의미를 부여하며 이야깃거리를 만들어 가고 있다는 생각으로 아이가 자신과의 경쟁에서 성장하게 기회를 주어야 한다. 학업중단을 겪는 과정에서 회복하는 일은 성장의 기회가 될 수 있다. 자신의 모습을 확인하고, 역경에서 다시 일어나 걸어가게 하는 긍정의 힘, '회복 탄력성'을 키우는 데 꼭 필요한 것들이다. 회복 탄력성(Resilience)은 실패나 부정적인 상황을 극복해서 원래의 안정된 상태를 되찾는 능력이다. 시련과 실패를 도약의 발판으로 삼아 더 높게 뛰어오르는 마음의 근력이기도 하다.

아이들은 무엇이든 할 수 있고, 무엇이든 될 수 있다. 부모나 교사의 욕망이 투영된 강요 대신 아이가 스스로 꿈꾸는 것을 지켜봐 주고 지지해 준다면 분명히 언젠가는 기다림에 나름대로 대답을 해 줄 것이라고 믿는다. 수현이와 서해는 이제 어엿한 성인으로서 자기 길을 개척하는 중이다. 아이들은 스스로 불편을 추구하며 자신도 알지 못하는 사이에 어려운 정도를 높여 성장하도록 훈련했던 것일지도 모른다. 스스로 성장하는 아이는 이미 위대하다.

꿈을 찾는 동반자가 되자

사람마다 꿈이 다르다. 자신이 좋아하는 꿈을 이루면서 살아가는 삶은 무엇과도 바꾸지 않을 만큼 행복한 일이다. 아이가 일찍부터 자기 꿈을 발견한다면 행운이다. 그러나 뭔지 모르고 그냥 지내고 있거나, 타인에게 이끌려 하는 일이 자신에게 맞지 않는다면 진정 원하는 꿈인지 생각하는 것이 필요하다.

아이들이 어떤 부분에 장점이 있는지, 어떤 것을 할 때 두 눈이 반짝이는지를 살핀다면 아이에게 맞는 진로를 찾는 과정에 큰 도움이 될 수 있다.

시원이는 배달 아르바이트를 하는 고등학교 2학년이다. 어제는 배달 일이 늦어져서 등교 시간에 일어나지 못했다. 결석일이 늘어나는 것을 알고는 있지만, 피곤을 이길 방법이 없었다. 학교에서는 대충 엎드려 자다가 수업이 끝나면 배달 일을 하러 갔다. 서둘러 일하러 가는 모습은 씩씩함을 넘어 발걸음에 힘이 흘러넘쳐 보였다.

시원이가 오토바이를 멋있다고 생각한 것은 중학교 때였다. 유독 오토바이를 마음에 들어 했다. 자가용보다 오토바이가 더 눈에 들어오던 차에 아는 형이 잠시 태워 줬을 때 자기도 오토바이를 꼭 타겠다고 다짐했었다. 온몸으로 맞이하는 바람과 속도의 매력에 빠졌기 때문이다. 자가용으로는 흉내도 내지 못할 일이었다고 말했다.

시원이는 오토바이를 타고 싶어서 배달 일을 시작했다고 한다. 배달 아르바이트를 하면 오토바이를 빌려 탈 수 있었기 때문이었다. 아침에 등교할 때도 오토바이를 타고 다닐 수 있으면 하고 바랐다. 어깨가 으쓱할 만큼 폼이 날 것으로 생각했다.

오토바이를 잘 타게 되면서 배달 수익도 늘어났다. 통장에 돈이 모이는 재미가 쏠쏠한 나머지 학교를 등한시하고, 일할 시간을 더 늘리려는 마음에 학교를 그만두려고도 생각했다고 한다. 그 시간에 돈을 버는 것이 낫겠다는 생각을 멈추기가 힘들었던 것이다. 한번은 오토바이 사고로 병원에 입원하느라 한동안 학교를 나오지 못했다. 학교에 가지 않는 것은 좋은데 오토바이를 타고 싶어서 몸이 근질거렸다.

아르바이트에 몰두할수록 학교와 거리는 멀어졌다. 피곤해서 아침에 일어나는 것이 힘들다 보니 학교에 나오고 싶지 않았다. 시원이는 나중에도 오토바이 타는 일을 할 거니까 공부가 필요가 없다고 말했다. 배달 일을 하면서 자신도 사업을 할 수 있을 거라는 기대를 했다.

시원이가 좋아하는 것은 오토바이다. 단지 오토바이를 타고 싶다는 마음에서 시작했지만 배달이라는 일을 찾았다. 시원이는 그것을 자기가 가장 잘하는 일이라고 생각하고 앞으로도 할 거라고 믿고 있었다. 지금은 아르바이트 수준만큼의 꿈이지만 보다 큰 꿈을 꾸는 중이라고 말했다.

꿈을 자기 스스로 찾는다면 더없이 좋은 일이다. 꿈을 찾기 위해서 다양한 경험을 해 보는 것도 도움이 된다. 스스로 선택해서 살아나갈 인생의 길이자 목적한 대로 향하게 하는 나침판 같은 것이 꿈이고 가고자 하는 길에서 벗어나지 않게 하는 등대다.

"어떤 사실을 아는 사람은 그것을 좋아하는 사람만 못하고, 좋아하는 사람은 즐기는 사람만 못하다."

《논어》에서 공자(B.C. 551~B.C. 479)가 한 말이다. 누구도 즐기는 사람을 당할 수 없다. 힘들고 어려운 일일수록 더욱 그렇다. 오랫동안 할 일을 선택하는 데는 더더욱 즐길 수 있는 사람을 당할 재간이 없을 것이다. 아이들이 꿈을 찾을 때 좋아하는 것을 중심으로 해야 하는 이유이다. 자신이 좋아하는 한 가지 일에 관심을 두고 꾸준히 하게 되면 시류에 부합하는 행운을 얻어 소위 대박이 날 수도 있다.

'배달'이란 비즈니스 모델이 처음 나왔을 때 그 일이 큰돈이 될 것으로 생각하는 사람은 많지 않았다. 하지만 지금은 배달 없는 세상은 상상할 수조차 없게 되었다. 배달의 시작은 편하게 집에서 받아 보기 위한 평범한 생각에서 비롯되었다. '바쁜데 밥은 꼭 나가서 먹어야 하나?', '퇴근해서 집에 도착했을 때 물건을 받아 보면 편하겠다.'라는 다양한 요구를 충족할 방법을 생각해 낸 것이다. 돌이켜 보면 이 일을 처음 시작한 사람들은 선견지명이 있었다고 말할 수밖에 없다.

예전부터 오토바이는 고등학생들의 선망이었다. 그들이 오토바이를 타고 음식을 배달하기 시작한 것이다. 그 당시는 하고 싶은 일을 하면서 돈도 벌 수 있는 그런 시장이 열릴 줄 아무도 몰랐다. '배달의 민족' 사례처럼 어떤 일에 예기치 못한 기회가 닿을지도….

급변하는 미래 세상에서는 어떤 일이 새로이 부상할지 모를 일이다. 자기의 적성에 맞는 일을 하면 즐겁다. 그리고 더 넓은 세상으로 관심을 돌리면 큰 성공을 이룰 기회가 생길 수도 있다. 혹여 기회가 오지 않는다면 지금 하는 일을 계속하면 되니 그 또한 나쁘다고 말하지 못할 것이다.

꿈이 없는 아이들의 꿈을 함께 찾는 것은 중요하다. 꿈을 찾는 동반자는 부모가 되기도 하고, 교사가 되기도 한다. 누구보다 아이를 잘 아는 사람들이다. 아이의 장점을 생각하고, 잘하는 영역을 찾을 수 있게 이끌어 줄 수 있다. 그들이 바로 스스로 꿈을 찾지 못하는 아이를 위해 함께 찾아주는 사람이며 그 길을 찾을 수 있게 도와주는 동반자다.

하고 싶은 것이 무언지조차 모르고 정확한 목표는 아직 설정되어 있지 않아도 아이가 공부하면서 내신 점수라도 챙기고 있으면 그나마 나은 편이다. 막연하게나마 하고 싶은 것이 있어서 여기저기 기웃거리는 아이도 있지만, 전혀 생각하지 않는 아이들도 있다. 한 통계 조사에서 꿈이 없는 학생에게 그 이유에 대해 질문한 결과 '나의 흥미와 적성에 대해 잘 몰라서(40%)'라는 답이 가장 많았다. 적성을 모른 상태에서는 하고 싶은 것을 찾기란 어려운 일이다. 그렇다고 자기 꿈이 아닌 다른 사람의 꿈을 자기 것처럼 생각하지 말아야 하고, 부모가 짜 준 대로 자신의 인생을 살아가겠다는 생각은 멀리하는 것이 좋다.

나는 꿈이 없다고 말하는 아이를 만나면 질문을 많이 하는 편이다. 그것을 바탕으로 브레인스토밍을 하면 깊이 생각하지 않아서 그렇지 막상 꺼내놓은 생각들이 꽤나 많다는 사실을 알게 된다. 자기 생각들을 글로 써서 보여 주면 놀라워하는 아이들이 의외로 많다. 브레인스토밍은 창의적으로 생각하는 즐거움을 주기 때문에 자주 사용하고 있다. 아이의 선호도가 고려된 적성과 흥미 중심에서 이탈되지 않도록 주의하고 비슷한 것을 같은 항목으로 묶어서 그 일이 가진 장단점은 무엇일까를 떠올려 보면 반짝이는 아이디어가 생각나기도 한다. 발상이 사라지지 않도록 생각날 때마다 메모장에 기록하는 정성도 필요하다.

시원이가 꿈을 찾아가는 것은 당연히 할 일이지만 학업을 중단하면서까지 급하게 해야 할 일인지는 깊이 생각해야 한다. 배달 일을 한다고 해도 기본 공부가 되어 있어야 하고, 사업을 시작해서 오너가 될 거라면 지식이 더욱 필요하다. 인맥도 있어야 하고, 친구들과 쌓은 인간관계를 바탕으로 직원들에게 고객을 대하는 기술이나 타인을 존중하는 것이 성공의 길이라는 모범도 보여야 하지 않을까? 자리에 맞는 인격을 갖추는 데는 공부만 한 게 없으므로 졸업 후에도 배움을 통해 꾸준히 자기를 가꿔 가는 게 필수다. 즐겁게 일하면서 직원들과의 관계도 좋으면 매출에도 분명 긍정적인 영향을 미칠 것이다.

꿈을 찾는 동반자가 되자. 평소에 활동하면서 느낀 것이라든지, 의미 있게 생각되는 일들을 탐색하는 것이 의외의 흥미를 가져다준다. 가끔은 질문을 받은 아이들이 연예인, 호텔리어, 사업가 등 막연하게 돈 많이 벌고 보기 좋은 것만을 골라내곤 하지만 자기에게 솔직한 답을 이끄는 질문을 한다면 곧 자기 것이 아니라고 알아낼 것이다. 자기 자신은 적성과 취미, 특기 그리고 자신이 무엇을 좋아하고 싫어하는지를 잘 알고 있다. 꿈은 스스로가 찾는 것이 가장 좋고 다른 사람들의 이야기는 조언 정도로 받아들이는 것도 괜찮다. 되고 싶은 게 없다고 생각하지 말고 무엇을 좋아하는지, 그리고 무엇을 잘하는지를 곰곰이 생각하는 습관이 중요한데 밖에서 친구와 놀 때도 관심 가는 것을 자주 떠올려 보고, 많은 직·간접 경험을 해 보는 것이 좋은 방법이다. 아무 생각 없이 살다가도 갑자기 생겨날 수가 있고, 살아가는 과정 중에 꼭 생기게 마련이니 지금 꿈이 없다고 좌절할 것은 아니다. 진실로 하고 싶은 일이 생기는 때가 반드시 온다. 진정 좋아하는 일은 힘들어도 하고 싶다.

그럼에도 불구하고,
아이들은 행복해야 한다

태민이는 "학교에 가서 수업받는 것이 너무 힘들다."고 호소했다. 격주로 진행되는 온라인 수업을 받는 태민이는 등교 수업이 있는 주가 오는 것이 싫었다. 집에서 편하게 수업을 듣는 것이 더 낫다고 생각했고 편한 쪽에 맞춰 가느라 학교 적응이 힘들게 되었다. 온라인 수업으로는 출석과 과제 제출이 쉬웠다고 한다. 등교 수업과 비교하고는 편한 쪽에 치우쳐서 스스로 나약한 의지를 보였다.

지율이도 변화된 환경에 스트레스가 많았다. 학교에 오는 것도 아니고 그렇다고 등교 수업이 온라인 수업에 비해 크게 다르다고도 느끼지 못하고 있었다. 온라인 수업 때는 느지막하게 일어나도 되는 것과 일찍 일어나 등교하는 상황을 단순 비교하며 불만스러워했다. 불편한 것을 안 하고 싶은 쪽으로 마음이 이끌리면서 학교 다니는 즐거움도 저만치 멀어지고 있었다. 차라리 온라인 수업만 하면 좋겠다는 생각에 학교적응력은 더 떨어졌다.

학교는 학생을 직접 볼 수 없어 이러한 행동을 파악하기 어렵다는 게 문제였다. 학교에 있으면 아이들의 변한 태도나 표현으로 금방 눈치챌 수 있었을 테지만 온라인 수업에서는 웬만해서 알아차리기 힘들다. 그리고 아이들이 학교에 나오는 시기 동안 교사들은 수업 분위기를 애써 만들어 내지만 겨우 잡았다 싶으면 또다시 온라인 수업으로 대체되는 것이 반복되면서 학교도 학생도 힘겹기는 마찬가지였다.

두 아이 역시 코로나19 이전에는 그동안 하고 싶은 일을 정하고 성적을 잘 관리한다고 여겼다. 학교에서 내주는 과제나 수행평가 등을 하는 데 어려움이 없었고, 공부한 정도의 성적은 나왔다고 생각했었기 때문이다. 그러나 코로나19로 인해 학교생활에 변화가 생기면서 의지가 약해지고 학교 나오는 것이 즐겁지 않았다. 마음을 다잡기도 어렵고 억지로 학교에 출석하는 것도 힘들다고 했다. 변화된 상황에 대응하는 능력이 부족하다는 사실을 알면서도 극복하기 위해 적극적으로 대처하지 못했다. 끌려다니는 자신에게 실망하면서도 한편으론 학교에 나오지 않을 방법을 끊임없이 찾고 있었다.

아이들은 이제 학교 나오는 게 버겁다. 예전 같았으면 자신의 꿈에 다가가려는 마음으로 열심히 학교생활을 하는 데 무리가 없었을 것이다. 얼굴엔 수심이 가득해 보였다. 재미없다는 것을 표정에서도 알 수 있을 만큼 웃음기가 사라졌다. 교실에서도 전과 다르게 의욕은 떨어지고, 집중도 안 돼 하루가 지루하기에 이르렀다. 계속해서 이런 상황이 이어질 것을 생각하면 차라리 온라인 수업만 했으면 좋겠다고 말했다. 그러면서도 이러다 하고 싶은 일에서 멀어지는 것이 아닌가 하는 불안은 커져만 갔다.

조금 다르게 생각하면 전보다 편하게 학교에 다니는 환경이 된 것이다. 학교에 매일 나오는 것에서 한 주간은 자율적인 온라인 학습을 하게 되었으니 말이다. 여유와 자유가 주어졌는데도 오히려 아이들의 불만이 늘어났다. 이 아이들에게 다른 시각으로 볼 수 있게 해 주는 것이 필요했다. 대화를 나누는 중에 온라인 수업으로 나오지 않는 상황은 매일같이 학교에 나오는 것보다 편하다는 사실과 더 편해지고 싶은 마음으로 인해 자신에게 안 좋은 결과를 만들고 있다는 것을 알게 되었다고 말했다. 이전과 달라진 것은 없지만, 다르게 인식하고 솔직한 심정을 직면하게 되자 오히려 마음이 가벼워졌다며 마음먹기가 얼마나 중요한지 알게 되었다고 했다.

온라인 수업에서는 주체적으로 해야 할 학생의 비중이 확연히 커졌다. 교사의 역할에 의해 영향을 많이 받던 아이들이 갑자기 혼자 공부를 하게 된 상황에 적응하지 못했다. 혼자서 학습하기보다 함께하고 모르는 것을 주변에서 해결하는 방법을 선호하는 아이뿐만이 아니라 특별히 등교 갈등을 겪지 않던 아이들에게서조차 부족한 점이 드러나는 계기가 되었다. 세 가지 측면에서 보자면 다음과 같다.

첫 번째는 고등학생이 되었어도 아직 혼자서 하는 학습이 준비되지 않은 아이들이 많다는 점이다. 스스로 짜 놓은 계획을 수행하고 점검하며 자신을 객관적으로 평가할 수 있는 정도가 되어야 흔들림이 없는 공부가 가능한데 그러지 못하는 경우가 의외로 상당했다. 반면 시키지 않아도 자발적으로 공부하는 습관이 있던 몇몇 아이들은 온라인이나 등교 수업이나 별반 다르지 않았다. 자기 목표가 있고 스스로 공부가 가능했던 아이는 온라인 수업이 주는 장점인 자기 주도적 학습이란 플러스 효과를 누리고 있었고, 오히려 병행 학습을 즐겼다. 문제는 스스로 학습 습관이 이루어지지 않은 중간 성적 층에 있는 아이들이었다. 조절과 통제가 수반되는 습관의 중요성이 드러났다. 자기 주도학습을 하는 아이들은 크게 영향을 받지 않았다는 것을 코로나19를 계기로 어렵지 않게 확인할 수 있었다. 스스로 학습이 익숙하지 않은 아이에게 필요한 것은 주도성이었다. 그동안 학교가 이 능력을 키워 주는 데는 소홀했다는 것을 의미한다.

두 번째 문제는 변화의 부작용을 아이들이 고스란히 감당해야 한다는 점이다. 국가의 통제와 학교의 교육 모두가 처음 겪는 일에 대해 대처하는 과정에서 추이를 바라보며 마지막까지 충격을 받아 낸 것은 결국 아이들이었다. 그 과정은 예측조차 불가능하고 일관적이지 못했다. 물론 교육 당국과 학교의 노력을 인정하지만, 아이들의 희생으로 교육의 틈이 메워지고 있는 사실을 부정하기는 어렵다.

세 번째는 코로나19로 대면 상황이 줄어들어 다른 양상으로 나타나는 학업중단의 사각지대가 늘었다는 점이다. 학업중단 문제는 이전에도 있었지만, 더 큰 문제는 학교에 오는 것이 어렵지 않았던 아이들조차 변하는 것에 있다. 예전과 구분되는 것이라면, 학교에서 주입식으로 강제 입력이 가능하지 않다는 점, 온라인 학습은 자기 주도학습 능력이 필수적이라는 점, 온라인과 등교 수업이 병행되는 시점의 후반부에 들어서 적응 문제가 대두되었다는 점과 중간 성적에 포진한, 진로가 명확했던 아이들에게까지 전반적으로 나타났다는 점이다. 그동안 학업중단은 새 학기 초반에 두드러졌고 중간층에 있는 아이들이 많지 않았는데 과거와 다른 양상이 나타난 것에 대해 학교의 대응 방식도 달라졌다는 것은 시사하는 부분이 크다.

아이들의 인생은 현재가 아니라 늘 미래를 기준으로 살아가는 듯하다. 제도와 커리큘럼에 이끌려 목표를 향해 주변을 돌아볼 겨를 없이 앞만 보고 달려간다. 오로지 산 정상을 밟겠다는 목표로 오르막길에서 숨 가쁘게 채찍질하는 산행과 같다. 올라갔다고 끝이 아니다. 한 가지 목표가 끝나면 또 다른 목표가 나타난다. 아이들은 현재의 행복을 희생하며 내일의 행복을 준비하는 시간만 겪어 왔다. 그것이 아이들을 힘들게 했다면 이제라도 바뀌어야 한다.

어떤 상황에서도 행복을 되찾는 공부가 되어야 한다. 즐거움을 주는 공부가 행복한 공부다. 학교에서든 온라인으로 하든 간에 주도적으로 하면서 즐기는 공부가 가능해야 한다. 어떤 것도 예측할 수 없지만, 예측하지 못할 상황이 도래할 거라는 사실만큼은 확실하다. 행복은 없다가 갑자기 때가 되었다고 생기는 것이 아니다. 그렇다면 현재의 행복을 유예하는 미래가 행복할 거라고 말할 수 없다. 시인 고은은 '내려갈 때 보았네 올라갈 때 못 본 그 꽃'이라는 단 석 줄의 시를 지었다. 짧은 글에서 삶의 이치를 새삼 떠올리게 하는 놀랍도록 응축된 내용이다.

　아이들은 지금 행복해야 한다. 인생에서 10대는 삶의 다양한 갈래를 그려 보는 찬란한 시기다. 아이들이 새로운 환경에 대응하는 능력, 적응할 수 있는 생각의 유연성, 일상에서의 행복을 느끼는 습관을 키우는 것이 무엇보다 중요해지고 있다. 알 수 없는 미래의 불안을 대비하느라 빛나는 시절을 불행하게 보낼 수는 없다. 어떤 상황에서도 아이들이 행복해야 건강한 사회를 만든다. 스트레스로 인해 행복감에서 멀어진 아이들은 성장 후에도 감정을 조절할 수 없는 사람이 될 수 있다. 사랑받는 인간관계에서 자신이 흥미로운 일을 하고, 그것이 사회에 이바지한다는 자부심을 느끼게 하는 내적 요소가 행복을 결정한다. 점심을 맛있게 먹고 친구들과 수다를 떨며 자신이 인정받을 때 아이들은 행복하다. 그러므로 아이들은 행복을 준비하며 기다릴 것만이 아니라 존재하고 있는 지금 여기에서 행복해야 한다.

에필로그

나는 학업을 중단하려는 아이들을 만나는 일을 한다. 12년째 전문상담사로 재직 중이다. 특히 고등학교 내 학업중단 예방 관련 업무가 내 전문 분야다. 학업중단 예방을 연구하고 학업중단 예방 관련 논문으로 박사 학위를 받았다. 영광스럽게도 학업중단 예방 유공자로 선정돼 교육부 장관 표창장을 수상했다. 이 업무가 나의 전문 분야라고 생각하는 이유다.

학교는 경력 단절 12년 만에 잡은 직장이다. 전문상담사로 일하는 동안 비정규직으로 5년을 보내고 무기 계약직으로 전환된 지 7년이 되었다. 이 일을 지속하는 데에도 부단히 도전에 직면해야 했다. 처음엔 인턴이라는 직위로 3, 4개월 일한 후 계약 기간 종료로 실직했으며 5년간은 매년 한 번꼴로 면접을 보았다.

내 학부 전공은 간호학이다. 교원 자격증 덕분에 상담 인턴 교사로 들어왔다. 노력하지 않으면 안 된다는 생각에 2년 반 동안 학위 과정을 거쳐 사회 복지사 2급 자격증을 취득했다. 쉽지 않은 과정이었는데 결국 허사가 되고 말았다. 나의 예측이 빗나간 것이었다. 1급만을 인정해 주는 기준으로 바뀌었기 때문이었다. 1년이란 유예 기간을 두기로 했지만 일을 지속할 방법이 없는 듯했다. 다른 학교에 이력서를 제출하며 내게 닥친 위기를 넘기는 것 말고는 생각하지 못했다.

일이 익숙해지면 안주하려는 마음이 드는 게 사실이다. 어느 단계에 다다르면 그것에 만족하고 멈추려는 속성 때문이다. 안타깝게도 내가 하는 일은 인간의 심리를 다루기 위해 다양한 역량이 필요해서 멈추고 싶어도 그럴 수 없는 일이었다. 안정된다 싶으면 또 다른 도전이 내게 다가왔다. 그것을 이겨 내면 다음 단계로 밀리듯 올라가게 했다. 한때는 그렇게 죽는 순간까지 도전을 받으며 살게 될 것 같은 우울한 예감마저 들었던 적이 있다.

지금 생각해도 운명이 나의 손을 잡아 준 것이 꿈만 같았다. 그동안 업적을 인정받은 덕분에 같은 학교에서 일자리를 유지할 수 있었다. 그날의 면접은 지금의 나를 있게 해준 결정적 계기가 되었다. 이제 1년 안에 확실한 자격을 얻을 최선의 방법은 자격시험에 응시하는 것이었다. 난 이 일을 계속하기를 원했고, 꿈을 펼치기 위해 노력한 것만도 수년이었기에 포기하기엔 미련이 너무 많았다. '미래는 현재 내가 하는 행동에 따라 결정되는 것이다.', '꿈을 꾸는 것도 중요하지만 꿈을 실행에 옮기는 것은 더 훌륭하다.'는 생각을 하며 자신을 응원했다.

난 상담 일을 잘하고 싶고, 잘 해낼 수 있다고 믿었다. 학업중단의 위기에 있는 아이들에게 어떤 방법으로든 도움을 주는 의미 있는 직업이란 생각에 출근길마저 설레었다. 자격취득 시험에 응시할 기회는 두 번이다. 하나는 청소년 상담사 3급이고 또 하나는 임상 심리사 2급이다. 그 당시는 두 시험 다 일 년에 한 번밖에 없는 국가 자격으로서 시험과 면접이 어렵기로 유명했다. 2014년 최종 합격률은 각각 38.4%, 14.1%였다.

청소년 상담사 시험이 한 달 뒤로 다가왔다. 적어도 석 달 이상 공부를 해도 될까 하는데 남은 시간이 너무 짧았다. "그래도 해 봐야지."라는 면접관의 말에 마음을 다잡고 도전할 의지를 다졌다. 성취라는 것은 어떤 영역이든 중단 없는 노력으로 이루어지는 것이 아닌가. 꾸준히 계속하면 놀라운 성과를 올릴 수 있고, 평범한 일이지만 실천하다 보면 그것이 곧 특별해질 것으로 생각했다.

나는 그해에 응시했던 두 개의 자격시험에 모두 합격했다. 그로 인해 얻은 것은 '자격증 두 개'와 '원형 탈모증'이었다. 시험공부에만 매진했던 시간 동안은 엄마도 딸도 아닌 직장에 다니는 수험생일 뿐이었다. 자격을 갖추고 전환에 필요한 평가를 거쳐 다음 해에 학교 전문상담사 '무기 계약직 1차 전환 근로자'가 되었다.

모든 것은 꿈을 갖는 것으로부터 시작된다. 꿈은 이루어진다는 믿음을 갖고, 그 방향으로 길을 걸어가는 사람에겐 꿈은 반드시 이루어진다. 꿈을 꾸었다면 일단 시작해야 한다. 강력한 꿈은 성취하기 위한 계획을 만들게 한다. 불가능해 보이는 꿈을 현실화시키는 것은 불가능한 것을 꿈꿨기 때문이다. 운명은 우리의 생각과 행동 때문에 결정되는 것이다.

내가 새로운 꿈을 갖고 상담사에 도전할 수 있었던 것은 간절한 바람 때문이었다. 학교생활을 힘들어하는 아이들을 도와주는 의미 있는 일을 하고 싶다는 열망하나. 꿈에 다가가는 힘든 과정은 나를 더 단단하게 해 주었다. 그것을 이루며 지나온 길에서 몇 가지 원리를 깨달았다. 이것이 도움이 될까 하는 생각에 용기를 냈다.

학업중단이란 결정은 아이들에겐 엄청난 도전이다. 도전은 용기 있는 행동이다. 도전으로 얻은 결실이 없다고 해도 아무것도 성취하지 못한 걸 의미하지 않는다. 도전을 통해 적어도 무언가를 새로 배웠다는 사실을 기억해 주길 바라면서 나는 학업을 중단하려는 아이들에게 마지막으로 이 말을 들려주고 싶다.

· 꿈은 이루어진다는 믿음을 가져야 한다.
· 안 되는 이유를 찾지 말라.
· 비전을 글로 적어라.
· 작은 계획부터 실천에 옮겨라.
· 자기를 인정하고 자신을 스스로 응원하자.
· 힘이 들면 추구하는 삶의 의미를 떠올려 보자.
· 조급하게 생각하지 말자.
· 작은 일도 10년간 꾸준히 하면 큰 힘이 된다.

학업을 중단하는 과정에서 아이들은 너무 많은 시련과 고통을 겪는다. 자신과 싸워야 하는 것은 물론 가족의 반대나 학교에서의 절차도 오로지 혼자 넘어야 하기 때문이다. 실패를 떠올리며 에너지를 흩트리기 쉽지만, 노력과 실천만이 생명을 불어넣는다는 사실을 기억해 주길 바란다.

실제로 성취의 원리가 복잡하거나 멀리 있는 것이 아니다. 잠재적 능력과 재능을 타고났더라도 하고자 하는 '노력'이 없으면 가능하지 않다. 아이들이 학교에 다니든 학업을 중단하든 간에 꿈을 맘껏 펼치기 위해서는 어떤 것에든 노력해야 한다. 동반자는 아이가 꿈을 드러내는 과정에서 실수가 있더라도 희망을 놓아 버리거나 자기 스스로 무엇인가를 할 수 있다는 것을 의심하지 않도록 지지하는 역할이 중요하다.

아이를 응원하며 기다려 준다면 그동안 겪었던 어려운 일들을 소중하게 생각하고 미래를 향해 새 꿈을 펴나갈 준비를 하게 될 것이라고 믿는다. 그 꿈은 어느새 현실에 가까운 곳에 닿아 있을 것이다. 아이들이 선택한 꿈을 맘껏 펼칠 수 있으면 좋겠다.

학교에 다니는 것이 즐거운 일이 될 때 자신의 꿈을 찾는 일에 몰두할 수 있다. 아이들이 학교에서 재미있어야 자신의 능력을 충분히 발휘하게 된다. '아이들이 행복한 학교!' 오늘도 나는 아이들이 학교에서 행복하길 진심으로 바란다.